U0934790

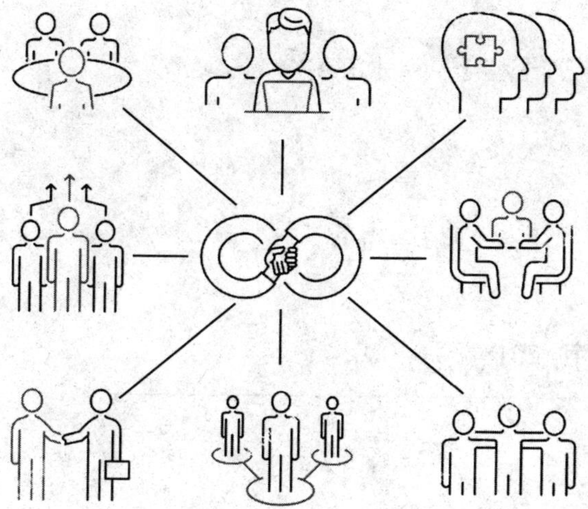

每个推销员
都缺一堂情商课

郭士◎编著

CFP 中国电影出版社

图书在版编目（CIP）数据

每个推销员都缺一堂情商课 / 郭士编著 . -- 北京 : 中国电影出版社，2018.6

ISBN 978-7-106-04884-6

Ⅰ . ①每… Ⅱ . ①郭… Ⅲ . ①情商—通俗读物 Ⅳ . ① B842.6-49

中国版本图书馆 CIP 数据核字 (2018) 第 040805 号

责任编辑：纵华跃
封面设计：末末美书
版式设计：范　磊
责任校对：蔡　践
责任印制：庞敬峰

每个推销员都缺一堂情商课
郭士　编著

出版发行：中国电影出版社（北京北三环东路 22 号）邮编 100013
电话：64296664（总编室）　64216278（发行部）
E-mail：cfpygb@126.com
经　　销：新华书店
印　　刷：三河市嵩川印刷有限公司
版　　次：2018 年 6 月第 1 版　2018 年 6 月北京第 1 次印刷
规　　格：开本 / 710 × 1000 毫米　1/16
印张 / 16　　字数 / 220 千字

书　　号：ISBN 978-7-106-04884-6 / B · 0124
定　　价：39.80 元

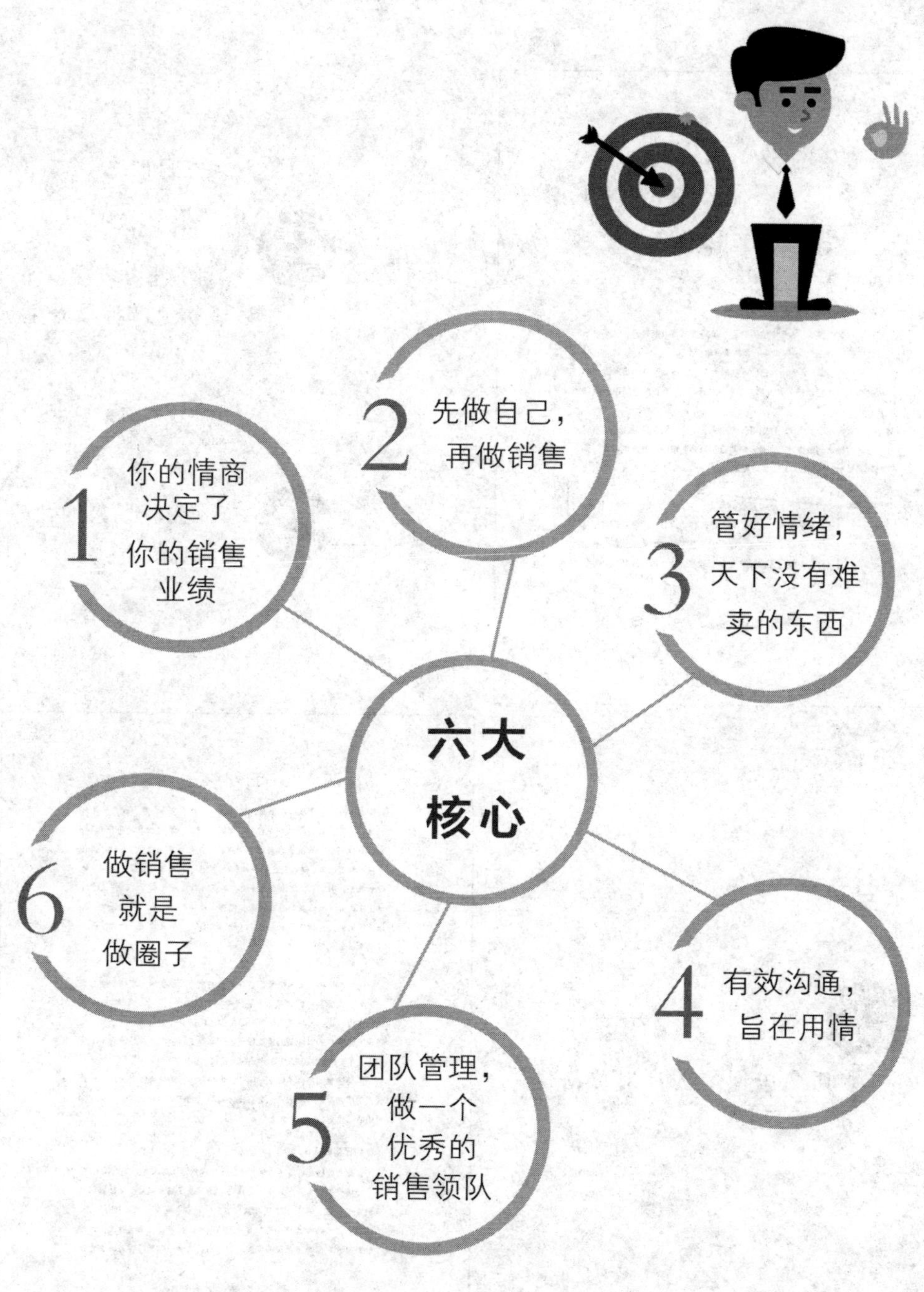
六大
核心
1 你的情商决定了你的销售业绩
2 先做自己，再做销售
3 管好情绪，天下没有难卖的东西
4 有效沟通，旨在用情
5 团队管理，做一个优秀的销售领队
6 做销售就是做圈子

阅读领航

情商VS客户吸引

开篇导读

有一类推销员，他所推销的产品不是同类产品中最好的，价格也不是最低的，却会让客户下定决心去购买，原因为何？

另一类推销员，他将自己的产品吹上了天，质量也确实是同类产品中的佼佼者，但就是无法让客户下决心去购买，甚至直接拒绝，原因何在？

其实，在很多时候，影响消费者购买决定的，除了产品，还有推销员本身对顾客的吸引力。谁对客户的吸引力强，谁的销售业绩就高。而情商则是影响吸引力的最主要因素之一。

情商课堂

一个人是否具有感染力，是否吸引人，不在于长相，不在于你有多少钱，抑或是你有多么能言善辩，而在于你是否可以与对方建立良好的、更深层次的关系。就销售而言，要想与客户建立更深层次的关系，就必须修炼情商，提升自己的吸引力。

4 每个推销员都缺一堂情商课

阐明内容要义，引导读者快速掌握核心主旨。

生动形象的故事，启迪读者思考。

有一次，我要与朋友见面，但又跟一位合作伙伴有事要谈，于是只好邀请合作伙伴一起跟朋友聚餐。简单介绍后，我与朋友聊得很开心。合作伙伴则在一旁没有参与任何话题，只是低着头看手机。朋友见状，适时中断了谈话，转而问我的合作伙伴："我们这一次的会面并不在你的计划之中，对吗？"合作伙伴并没有说话，只是浅笑点头。合作伙伴的少言寡语并没有让我的朋友产生挫败感，他转而与合作伙伴讨论起了其他业务问题，谈话变得顺利多了。一来二往，一个月后，合作伙伴成了我朋友的客户。

优秀的推销员都懂得维系客户关系的重要性。美国《幸福》杂志研究表明，人际关系的顺畅是事业成功的关键因素。引申到销售行业中，我们也可以说，客户关系的顺畅是推销成功的关键因素，而推销员的高情商又是客户关系顺畅的重要保证。情商高了，吸引力自然就有了；吸引力有了，客户关系的建立和维系也就水到渠成了。

值得注意的是，不要试图用"低价格、小恩惠"来吸引客户，这种关系的维护只是一时的，总会有比你价格低的产品出现，总会有人比你提供的条件更好，那时怎么办？

内容精要

当你有足够的感染力，就会吸引大批客户，让别人主动与你做生意。

●**情商吸引客户**。纵观那些成功人士，除了高智商外，高情商则让他们更受欢迎，在处理事情时从容不迫。现如今的买卖关系较为复杂，需要付出极大的努力才能留住客户。而一个人的情商在很大程度上决定了你与客户之间的关系是否牢固。一个高情商的推销员懂得与客户建立

第一章 情商提升销售能力 5

内容精要

点明文中问题的应对方法，让读者有章可循。

前言

作为推销员，每天要与不同的人打交道，为什么有的推销员能在三言两语间就获得顾客的信任，而有的推销员费尽口舌，好话说尽，反而引起了顾客的反感？为什么有的推销员的业绩总保持领先，而有的推销员的业绩总是不尽如人意？为什么有的推销员与顾客如朋友一般相处和谐，而有的推销员与顾客之间却矛盾重重？

如果你也有这方面的困扰，那么，你在思考如何提升销售技巧的同时还需要提升一个关键性要素——情商。情商这一课题总是被人们所忽略，尤其是销售行业，大多数推销员认为，只要掌握了销售技巧、沟通技巧、谈判技巧……就可以高枕无忧，坐享业绩了。殊不知，智商再高，技巧学得再精，如果情商欠缺，一切付出都可能在瞬间化为灰烬。

在实际的销售工作中，后来居上的推销员大有人在，并不是说他们比别人更聪明，而是在于他们的高情商。大量的销售成功案例告诉我们：一个人的成功，智商占20%，而情商占80%。随着社会的发展，消费者的观念也发生了巨大的变化，消费者的选择越来越多，你凭什么让客户为你停留？你又如何能在竞争激烈的销售市场中占有一席之地？

有人说，销售就像谈恋爱，推销员应该像追求爱情一样去销售，最终能否白头到老，就要看推销员的情商了。遇到心仪的对象，人们总会先去包装自己，想要给对方留下良好的第一印象，在细节处体现自己的素养，让这种好印象持续发酵，即便中途偶有矛盾，也能用“情”去化解。人与人之间的相处，应该是以信任为前提的，真诚的沟通、耐心的聆听，以“情”动人，建立良好的信任关系。

一名优秀的推销员，应该有力挽狂澜的能力，面对顾客的拒绝、冷漠、奚落……依然保持良好的职业素养，即便最后未成交，也要表达自己的友好。再优秀的推销员也有拿不下的客户，如果你因此而愤怒、焦虑、抱怨……你失去的就不仅仅是一单生意了。

推销员没有选择客户的权利，如果不管遇到哪种客户总是保持一种相处原则，是很难取得成功的，因为每位客户的性格都不一样，所需要的交流相处方式也不一样。卓越的推销员懂得运用情商来应对形形色色的客户，将话说到每位客户的心坎儿里。

天下没有难卖的产品，只有情商低的推销员。情商在很大程度上影响着一个人的事业、人生。那些情商低的推销员，即便他们接受了最好的销售训练，也依然会出现销售不佳的情况。所以，作为一名推销员，要想提升销售业绩，就必须提高自己的情商，提升交际技巧。让你的话更吸引人，用你的人格魅力去感染对方，让客户无法拒绝你……

目录

|第一节课|
你的情商决定了你的销售业绩

|第二节课|
先做自己，再做销售

|第三节课|
管好情绪，天下没有难卖的东西

|第四节课|
用情商激活交易，让沟通成就机遇

第八章 拜访客户情商学

第九章 销售提问情商学

第十章 客户沟通情商学

第十一章 销售攻心情商学

第十二章 价格谈判情商学

|第五节课|
团队管理，做一个优秀的销售领队

第十三章 销售领队与情商

第十四章 用情商领导你的团队

|第六节课|
做销售就是做圈子

第十五章 用情商扩充你的客户圈

第十六章 用温暖稳固你的客户圈

第一节课

你的情商决定了你的销售业绩

情商，是处理人际关系的一种能力。就推销领域而言，高情商能够帮助推销员赢得客户的信赖，和客户建立可持续交易的关系，提升销售业绩。由此，作为一名推销员，除了掌握一定的销售技巧，更重要的是要修炼自己的销售情商。

第一章
情商提升销售能力

情商VS客户吸引

开篇导读

有一类推销员，他所推销的产品不是同类产品中最好的，价格也不是最低的，却会让客户下定决心去购买，原因为何?

另一类推销员，他将自己的产品吹上了天，质量也确实是同类产品中的佼佼者，但就是无法让客户下决心去购买，甚至直接拒绝，原因何在?

其实，在很多时候，影响消费者购买决定的，除了产品，还有推销员本身对顾客的吸引力。谁对客户的吸引力强，谁的销售业绩就高。而情商则是影响吸引力的最主要因素之一。

情商课堂»

一个人是否具有感染力，是否吸引人，不在于长相，不在于你有多少钱，抑或是你有多么能言善辩，而在于你是否可以与对方建立良好的、更深层次的关系。就销售而言，要想与客户建立更深层次的关系，就必须修炼情商，提升自己的吸引力。

有一次，我要与朋友见面，但又跟一位合作伙伴有事要谈，于是只好邀请合作伙伴一起跟朋友聚餐。简单介绍后，我与朋友聊得很开心。合作伙伴则在一旁没有参与任何话题，只是低着头看手机。朋友见状，适时中断了谈话，转而问我的合作伙伴："我们这一次的会面并不在你的计划之中，对吗？"合作伙伴并没有说话，只是浅笑点头。合作伙伴的少言寡语并没有让我的朋友产生挫败感，他转而与合作伙伴讨论起了其他业务问题，谈话变得顺利多了。一来二往，一个月后，合作伙伴成了我朋友的客户。

优秀的推销员都懂得维系客户关系的重要性。美国《幸福》杂志研究表明，人际关系的顺畅是事业成功的关键因素。引申到销售行业中，我们也可以说，客户关系的顺畅是推销成功的关键因素，而推销员的高情商又是客户关系顺畅的重要保证。情商高了，吸引力自然就有了；吸引力有了，客户关系的建立和维系也就水到渠成了。

值得注意的是，不要试图用"低价格、小恩惠"来吸引客户，这种关系的维护只是一时的，总会有比你价格低的产品出现，总会有人比你提供的条件更好，那时怎么办？

内容精要

当你有足够的感染力，就会吸引大批客户，让别人主动与你做生意。

●**情商吸引客户**。纵观那些成功人士，除了高智商外，高情商则让他们更受欢迎，在处理事情时从容不迫。现如今的买卖关系较为复杂，需要付出极大的努力才能留住客户。而一个人的情商在很大程度上决定了你与客户之间的关系是否牢固。一个高情商的推销员懂得与客户建立稳固的私人关系，因为要想获得一次预约、一次交易，除了产品质量过硬以外，还需要一定的吸引力与技巧。

●**吸引力让业绩节节攀升**。销售主要看的就是业绩，要取得好业绩，就要具备一定的吸引力。不光是产品，最主要的是你这个人。以真诚的态度对待每一位客户，即便当时没有成交，也会给客户留下一个好印象，利于日后的来往。

情商VS客户沟通

开篇导读

人与人之间的相处，关键在于沟通。沟通不畅，很多事情都得不到解决，甚至会向相反的方向发展。

尤其对销售而言，沟通出了问题，就犹如在客户面前设置了一道屏障，客户接收不到你的信息，你也理解不了客户的意思，最终导致交易失败。

有这样一类推销员，他们在与客户的一问一答间就将生意做成了，为什么？还有一类推销员，说得口干舌燥，客户却无动于衷，为什么？这就是沟通的问题，答非所问，抑或是问题没问到点儿上，都会影响沟通的结果。而在销售过程中，沟通的顺畅与否，常常与推销员情商的高低有着密不可分的联系。

情商课堂

某天，我去家具城想买一套沙发，走进一家店，营业员很热情地迎上来。询问之下，我说："我看看沙发。"营业员指着一款沙发说："这款沙发是我们上周刚刚到的新款，采用的是……"等营业员一口气说完，我说："这款沙发太大了，我家里摆不下。”营业员说：“哦，那你看看这款，这款小些。”我看着她指着的那款沙发说：“这款式我不太喜欢。”营业员说：“那你再看看这款，这款是……”等营业员说完，我便没有再看下去的兴致，说：“我再考虑考虑吧。”便走出了店面。

这样的情况，很多消费者都会遇到，当你表达出想要购买某款产品时，推销员以为自己听明白了顾客的需求，便开始滔滔不绝地介绍产品。介绍完之后，才发现客户根本不感兴趣。原因很简单，推销员没有了解到客户的真正需求，这就是沟通障碍。比如，某客户想买手机，你只是“一厢情愿”地给客户介绍时下最流行的手机，却不问客户是否需要这些功能。

这种情况，说明推销员在沟通上出现了问题，只有通过有效提问，或是倾听客户的真正需求，才能为客户推荐最适合他们的产品，交易才有可能顺利。

在与客户的交流过程中，除了运用智商外，情商也不可或缺。优秀的推销员都懂得沟通的重要性。所以他们在推销过程中，并不急于把商品推荐给顾客，而是在沟通过程中了解客户的真实需求，然后再给客户介绍适合的产品，利于成交。

很明显，带着情商去与客户沟通会事半功倍，高情商的推销员不是兜售产品，而是用情商去打动客户，让客户主动掏钱，心情愉悦地购买。

内容精要

生活中，常常听到这样的话：“你这人怎么这么不会说话。”这就是一个人欠缺情商的表现。同样一句话，不同的语气，不同的场合，给人的感觉都是不一样的。提高情商，沟通就不会受阻，即便你所销售的产品不是同行业中最好的，也能通过与客户的沟通，让客户选择你。

●**情商改变沟通方式**。沟通并不是让你口若悬河，尤其是推销员，嘴巴不停地说，对于客户来讲或许并不是一件好事。当你无法确定你所说的内容客户是否感兴趣时，你可以试着去理解客户，从客户的角度去思考问题，再结合自身的情况加以说明。优秀的推销员之中也有一些口拙的人，但业绩却不受影响，其中最主要的原因就在于他们的情商高。在与客户的沟通中，能把握好度，即便没有卖力推销，也能赢得客户的信任。

●**有效沟通提升销售业绩**。对于推销员来讲，最主要的还是业绩，要提升业绩，有效地沟通很重要。有些推销员仅仅是吃饭的工夫就能谈成一笔生意，而有些推销员嘴皮子都磨破了，还是被客户无情拒绝了，这就是沟通的问题。

情商VS价格谈判

开篇导读

谈判考验的是谈判双方的心理素质以及交际沟通能力。谈判，与其说是一个说服的过程，不如说是一个协调分歧的过程。对于推销员来说，价格谈判是很常见的，如果在谈判中过于强调己方的利益，就很容易让谈判陷入僵局；这个时候，我们就需要动用高情商，协调好双方的利益关系，争取让谈判取得最好的结果。

情商课堂»

与客户讨价还价，是每个推销员都会经历的流程。面对客户的砍价，你如何应对？当客户摆出“不降价就不买”的态度时，很多推销员选择了退让，而一味地退让并未换来客户的理解。当你也在为此而困惑时，不妨提升一下情商，换个方向来解决这个问题。

在价格谈判过程中，情商的影响力是非常大的，甚至直接决定了交易的成败。那么，情商与价格谈判到底有什么关系呢？

情商的高低，谈判方式的不同，决定了不同的销售结果。情商高的推销员不会让自己的利益受损，当然也不会“克扣”客户的利益。

正确的价格谈判有一定的步骤，如果一上来就降价，就会给客户一种“廉价”的感觉，会想：这么容易就降价，要么产品不够好，要么就是利润很高。此时，客户就会“得寸进尺”，进一步要求降价。步步退让，让无可让时，客户是买了，但还有什么意义呢？这并不能算是成功的销售。

既让客户满意，又能保证自己的利益，就要发挥自己的情商。在与客户的对话过程中，了解客户最关心的部分，让客户先亮出底牌，拿捏好自己的底线。

有一类推销员，在价格谈判阶段，生怕会吓到顾客，不仅报价很低，在顾客砍价时，还一味地退让，认为这样就能留住客户。或许对一部分顾客来说，这样的做法有一定效果，但长此以往会使自己陷入被动的状态。高情商的推销员不会做无谓的让步，他们会站在客户的角度，真诚地为客户选择适合的产品，让客户觉得物有所值。这样一来，成交也就有希望了。

所以，不要惧怕与客户谈钱，不要一听到客户砍价就方寸大乱。学会引导客户将目光放在产品的价值上，让客户觉得花这个钱值得，也是推销员情商高的一种体现。

内容精要

在价格谈判中，开启正确的谈判步骤，才有利于促进交易，而这些都是要靠情商来支持的。修炼自己的情商，才能让价格谈判变得顺利，让业绩节节攀升。

大多数的客户都在担心买到的产品物次价高。所以，在为顾客介绍产品时，就可以着重介绍产品的价值。客户不是愚笨之人，他们会分辨好与坏。当然，在这个过程中，你要保证你所作出的承诺都是真的，言行一致才能在这场博弈中占一席之地。

●**情商决定产品利润**。“别家的价格更低些，你给我便宜点，不然我就要重新选择了。”作为推销员经常会听到客户使出这样的“杀手锏”，而推销员一般也会在这样的威胁下妥协。心想，做成一单是一单，在这样的想法下，利润甚微。苦不堪言，却又无能为力。真的无能为力吗？不尽然。一些优秀的推销员，他们的产品价格不是最低的，可客户却“死心塌地”在他这里购买，原因之一就是他们的情商高。在进行价格谈判时，懂得扬长避短，转移客户的注意力。

●**价格谈判提升利润**。做销售当然是签的单越多越好，但如果十单生意没有别人一单生意所创造的利润大，那就要改变一下策略了。用什么样的方法才能将利润提起来呢？关键点在于价格谈判。有些推销员一分钱没让就把生意做成了，而有些推销员将利润降至最低还说尽好话才勉强签了一单，这便是会谈判与不会谈判的区别，也从某种程度上体现了推销员的情商。情商高的推销员，懂得谈判技巧，并最终能实现双赢的局面。

第二章

塑造你的情商销售文化

用情感动客户

开篇导读

一首歌、一句话、一个故事……都能在不经意间感动我们，生活中，任何事情的发生、发展都离不开“情”，以“情”为中心，理清“情”脉，事情便迎刃而解。

现如今，消费者在选择产品时更加注重推销员给予自己的感受。产品的质量、推销员说话的方式都能左右客户的购买决定。

优秀的推销员，大都懂得利用“情”来作为自己的最佳武器。以情动人，便能玩转营销。每个人都是有感情的，面对消费者，面对客户，用情去感动，往往比任何销售技巧都管用。

情商课堂

作为一名推销员，每天面对的并非是冷冰冰的机器，而是一个个有血有肉有感情的人。他们除了有物质需求外，还有情感上的需求。高情商的推销员都懂得这一点，都明白“以情感人”的重要性。

我认识一位推销员，言语不多，给人感觉很老实，很难想象他是一家大型公司的“销售王”。有一次，他去拜访一家较大的专卖店，简单介绍之后，老板说：“你们的产品并没有什么优势，现在我挺忙的……”拒绝的意味很明显，但他并未放弃。第二天，带上小礼品又来到了店里，刚好赶上店里生意忙的时候，他找个地方坐着，静等老板忙完。一个小时、两小时……临近中午，老板忙完才看到他。老板有些不好意思，给他倒了一杯茶，两人就这样聊了起来。无关销售，无关买卖，只是简单的聊天。聊天中，他得知老板的妻子生病了，想到某医院请专家看诊，但一直排不上号。对于这一点，他牢记于心。他刚好有一位关系不错的同学在那家医院当医生，回去后，他第一时间联系了那位同学，帮那位老板预约了看诊时间。当他将这一消息告诉那位老板时，老板的感动之情溢于言表。最后的结果可想而知，他成功拿下了这家店，且铺货量非常大。

有人说，销售工作不需要太多的技巧，只要会说、能说就行了。不可否认，销售有时真的没有太多的技巧可言。上述推销员的例子是个案，并不是每个人都有那么好的运气。但推销员的细致却让人不容忽视。相信即便他没有朋友在医院任职，他也能从其他地方寻求突破，去感动客户。

有些事看似平凡，看似不起眼，但往往就是这些小事最能感动客户。“感动”是打开客户心门的钥匙。推销员会遇到形形色色的顾客，不可能用同一种理论去说服客户，唯有“情”能让客户敞开心扉。善于创造感动、运用感动的推销员，才能占据市场的一片天。

内容精要

用感动去留住客户，创造感动，满足于客户的个性化需求，用心对待工作、产品、客户，你的产品就会受欢迎，客户对产品的忠诚度也会大大提高。与其费尽心思去“算计”客户，不如真心实意好好为客户着想，用真诚感动客户。

●**站在客户角度思考，坦诚对待客户。**为人坦诚，便会让客户觉得你并不是为了利益在卖产品，而是在交朋友。高情商的推销员不会为了眼前的利益而夸夸其谈，而是习惯于从客户的角度去思考问题。当你解决了客户所担心的问题，何愁卖不出产品？

●**感动没那么难。**我们所说的感动并不是一把眼泪一把鼻涕地诉说，感动其实很简单，或许只是一个小小的举动，或许只是一个微笑，但客户都会看在眼里，记在心里。销售不仅仅是卖产品，更多的是服务、人格魅力。一个出色的推销员不一定要有惊为天人的颜值，也不一定要有高大的身材，也不一定要有能言善辩的口才，但一定要学会用心销售，善于抓住客户的需求，抓住客户的感动点，善加运用，便不用担心业绩了。

情商决定销售成败

开篇导读

在销售行业，如果不提升自己的情商，改变销售心态，是很难取得大的成功的。高情商不仅有助于我们完成自己的销售任务，还可以帮助我们收获更多，比如更多的好友，更多的职场经验等。这些因素也在一定程度上影响着我们的销售成果。

情商课堂

对于销售而言，情商的重要性不言而喻。情商修炼在一定程度上影响着销售的成败，高情商的人能准确把握消费者的需求，在与客户的交流过程中，能巧妙改变客户强硬的态度，促使销售活动走向成功。

时代在进步，人们的需求也在不断提高，消费者的选择也在不断增加，竞争的激烈让推销员的生存面临着巨大的挑战。随着社会的发展，消费者的期望值也在不断提升。当你满足不了消费者的需求时，他们知道还有更多的选择，于是会毫不犹豫地转向竞争对手。

时代改变了顾客的观念，因此，推销员的观念也要随之改变。当你所提供的优质服务，加以高超的销售技巧都无法为你带来竞争优势的时候，你就要看看你身上还有什么值得顾客为你停留的资本了。换言之，当你无法增加你的砝码时，你获得成功的几率微乎其微。

销售行业的流动性非常大，每天都有人离开这个行业，也每天都有人步入这个行业。很多人都说，销售行业的门槛很低，只要会说话，都能成为推销员。从某种意义上来讲，这是有一定道理的。一个会说话的推销员，往往能够灵活调动自己的各种销售技能，能从客户的反应中找到相应的对策，从而促进销售的成功。当然，一个情商低的人，你又怎么能说他会说话呢？

看看那些成功者，他们也许并没有超人一等的销售技巧，但为什么能取得如此成绩？

有一类推销员，在面对客户的拒绝时，选择了退缩，于是，一单有可能完成的交易就这样夭折了。生意不是一下子就能谈成的，尤其是面对大额签单，你慎重的同时，顾客也会慎之又慎，他们需要推销员持续地拜访与跟进才会慢慢松口。

有一位推销员去拜访一位客户，第一次，客户毫不留情地拒绝了。他没有放弃。第二次进行了简短的交流，也没有实质性的进展，第三次、第四次……客户的敷衍并没有打消他的积极性，第五次拜访，客户正在忙，他没有去打搅，而是在一旁等待客户忙完。此时，客户进的货到了，送货员只是将货放在门口，打了声招呼便走了。他放下包，撸起袖子，默默将这些货搬进了客户店里，然后，又静静地等在一旁。客户忙完后，没有多余的话，直接说：“合同带了吗？”这位推销员一愣，随即反应过来，有些激动地说：“带了。”一单生意就因这一举动谈成了。

推销员的个人魅力是赢得客户的最佳保障。与其为没有客户而神伤，不如想点实际的。作为一名优秀的推销员，不仅要精通专业知识，最重要的是工作态度的改变。积极面对任何可能出现的意外，用坚强的意志去迎接各种挑战，用乐观、宽容的心态去应对客户的各种刁难。在这种环境下获得的客户，通常都极具忠诚度。只有改变思想，改变说话的态度，用积极的心态，着眼于细节，主动出击，才有可能取得成功。

内容精要

丹尼尔·戈尔曼认为："情商是决定人生成功与否的关键。"一个人的智商是先天性的，但是情商可以通过后天的修炼来提升。情商不仅决定着人生的成败，对于销售工作更是如此，情商的提升，会让你在销售行业游刃有余。

●**情商决定销售成败**。高情商成就好业绩，销售的成败往往离不开情商的辅助。有一类推销员，其销售技巧、专业知识都非常好，但在销售过程中总是因为这样或是那样的问题而导致交易失败。其原因在于，情商太低，不懂得如何表达，在面对突发状况时不知该以什么样的方式去处理。

●**自信一点，把握成功**。推销工作是失败率很高的一项工作，经常会遭到客户的拒绝，有的推销员因此变得垂头丧气、失去了信心，难以有好的销售业绩；而有的推销员则越挫越勇，抱着"总有一天会成功"的信念，最终销售成功。所以，一个想要成功的推销员，就必须要具备这种高昂的自信心，有了它，你才有可能取得想要的成功。

情商决定销售命运

开篇导读

有很多人想要做销售，也有很多人惧怕做销售。有的人学历不高，却将销售做得风生水起，而有的人专业院校毕业，却在销售道路上频频受阻。

到底什么样的人适合做销售？什么样的人才能做好销售呢？

进入销售行业的人很多，但真正做成功的人却不多。为什么？有人说，他们天生就是做销售的料儿，性格活泼，与谁都谈得来，所以面对客户很快就能打开话题。其实，销售与性格并没有绝对的关系，也就是说，性格不是影响销售命运最主要的因素。

每个人都是独立的个体，行为、思想都会有所不同，正因为如此，每个人在面对事情时会作出不同的反应，而态度与处理方式的不同也直接影响了人生的命运。

情商课堂

人的命运是由 20% 的智商与 80% 的情商来决定的。

大多数人提到销售想到的就是妙语连珠，滔滔不绝。在很多时候，公司聘请推销员也多选择健谈的人。从表面来看，成功的推销员就是要嘴上功夫的人，事实上，这种观念并不正确。销售领域不乏性格内向，却业绩惊人的人，而性格外向业绩平平的人也大有人在。

观察那些成功者，他们大都有着清晰的思路，目标明确，并坚定地朝着自己的目标而努力。他们将销售看成是实现自身价值的手段，用情商玩转销售，销售在他们眼里不仅仅是卖东西，而是一种艺术。而那些业绩平平的推销员往往在对待工作上是一种得过且过的态度，销售工作只是他们而言是不得已而为之，并没有将其放在心上，更别谈目标了。

某天，我去某电脑专卖店闲逛。店里有一位顾客正在挑电脑，在我看的过程中，这位顾客让营业员拿了三台电脑。我留意到，在最初接待这位顾客时，营业员还笑脸迎人，当顾客提出想看看第四台电脑时，营业员的脸上明显有了不耐烦的表情。只见营业员深吸一口气，嘴角一撇，转身将电脑拿了出来。顾客对比了一下，还是没有下决定购买，说："我再看看。"便走出了专卖店。

营业员一边收电脑，一边嘴里碎碎念："真会折腾人，不买还看那么多，真是麻烦……"就我观察的角度来看，顾客早已看到了营业员不耐烦的表情。我摇头叹息，也走出了专卖店。

作为消费者，在购买过程中都有"货比三家"的心理，犹豫是在所难免的。有时只是一块小小的电池，他们也会挑很久。如果都像上述营业员一样，一个月也难得卖出一台电脑。运气好的话，或许会碰到爽快、大方的客户，直接购买，但这样的情况少之又少。

首先，这位营业员并没有认真对待销售这份工作，作为推销员常常会遇到这样的客户，犹犹豫豫，对比再对比，当你控制不住自己的情绪时，面对这样的客户就会不自觉流露出不耐烦的情绪。试问，当客户看到你这样的情绪，还会有心情购买吗?

高情商的推销员往往能控制自己的情绪，认真对待每一位顾客，耐心地为其服务。而这样的推销员又何愁没有业绩呢?

总而言之，销售中会出现各种各样的问题，可是，不管什么问题，高情商的人总能完美的化解。那些看似复杂的事情，他们会用最合适的方法予以解决。

内容精要

你的产品能否销售出去，在很多时候都取决于你情商的高低。情商高的人除了学习销售技巧外，还会强化内心，用正确的思想对待销售过程中发生的事，你的态度在一定程度上将直接决定着你是一个成功者还是平庸者。

●**情商改变销售命运。**成功的推销员不是因为有什么“销售宝典”，而是他们懂得发挥自己的优势，善于培养自己的人格魅力。即便是面对客户的拒绝，他们也不会放弃。他们不会把一次的失败归结为自己的无能，更不会放弃任何成功的可能。很多时候，销售的命运就在你的一念之间，一个小小的改变或许就是成功的开始。

●**感悟情商，改变命运。**销售命运如何，主要看你运用了多少情商，掌握再多的营销理念、实用技巧，如果不能很好地表达，那么在与客户的接洽过程中就会变得被动。在与客户接触之前，一定要理清自己的思路，为自己设定一个目标，比如今天的目标是让客户认识自己或见到决策人等。推销员的情商直接影响着其销售风格，进而影响销售氛围，最终影响销售命运。埋头苦学销售技巧的同时也不要忘了情商的提升，它可以帮助你在销售道路上越走越顺。

情商销售文化五大要素

开篇导读

人类作为一种群居动物，没有人是可以脱离社会而单独存在的。有的人能在社会中如鱼得水，而有的人却步履为艰，为什么？除了家庭环境等一些客观原因之外，情商也是不可忽略的一个原因。长久以来，在人们的思想里，智商便是衡量人才的标准，对于情商知之甚少。

人有七情六欲，在生活中，处处能体现出“情”，人的情绪与情感，直接关乎着一个人的人生。了解情商，运用情商销售，塑造你的情商销售文化，即便智商平平，也能成为人生赢家。

情商课堂

要想成为一名优秀的推销员，在掌握一些基础知识后，还要关注情商的培养。对于推销员来说，提升情商需要注意以下五大要素。

第一要素：自我认知。老子说：“知人者智，自知者明。”一个人如果对自身不了解，对自己没有清醒的认识，就会有一种“不识庐山真面目，只缘身在此山中”的迷茫感。

生活中，大多数人在成长过程中会沦为了感觉的奴隶，他们对自身的真实感受没有正确的认知，被生活所奴役。结果就是，抱怨、自卑、愤怒……自我认知是情商第一要素，一个人只有对自身情绪、优缺点、内心需求等有清醒的认知，才能处变不惊。在与人接触的过程中，有着高度自我认知的人，清楚自身情感对自己、工作及周围人的影响，于是，在说话、处事方式上都会有针对性。他们知道自身的价值在哪里，知道自己所追求的是什么，为什么要这么做。

在销售领域，那些做得成功的人，都有自我观察的能力，不会孤芳自赏，他们会问自己：最近做得怎么样。

做一个有自我认知能力的人，了解自己的情绪，适时加以控制，便能跳出固有的圈子。

第二要素：自控力。生活中有多少人能做到自我约束？有多少人面对诱惑能面不改色？有多少人面对他人的过错能迅速调整好自己的情绪……那些成功的推销员大多拥有强大的自控力。某推销员为了让客户签单，私下与客户商定给客户回扣（推销员也从中获利），签单很顺利，本以为神不知鬼不觉，却不想被公司发现，不仅丢了工作，这件事也成为了他一生的污点。

利益面前，很多人总是把持不住，进而失去了机会。能够抵住诱惑的推销员，通常更明白自己想要的是什么。

第三要素：自我激励。人在自我激励下往往会不断挑战自我，在学习中不断成长从而能超越自我，达到自己都无法想象的高度。面对挫折能保持乐观的态度，很多成功人士的自我激励能力都很强，这样的胸怀让他们获得更大的成功。

第四要素：同理心。一个有着同理心的推销员会知道对方为什么会生气，知道怎么和对方和平相处。每个人都是不同的，因此，处理方式也是不同的。站在对方的角度考虑问题，虽不能感同身受，但至少能找到解决问题的方法。

第五要素：人际交往。在与人打交道时，你会向别人展示你的情绪，别人亦如是。作为推销员，在沟通的过程中，要学会展现个人魅力，以此来吸引对方。特别是对方热情不够时，用你的热情去感染对方，不至于让场面变得尴尬。

内容精要

人是情感动物，万事离不开一个“情”字，不管是自己的情感还是对方的情感，找到合适的表达方式，便能让你成为一个受欢迎的人。现如今已经是情商销售的时代，即便你智商平平，只要塑造自己的情商销售文化，便能使销售之路走得更长远。

第二节课

先做自己，再做销售

作为一个推销员，如何才算是成功，是说话技巧？销售策略？客户关系？不，这些都不是最重要的，最重要的是做好自己，而做好自己的关键是个人情商的提升与运用。

●●●

第三章

别输掉最初印象，好的开始是成功的一半

友好的微笑，赢得客户好感

开篇导读

记得有这样一句话："爱笑的人运气都不会太差。"微笑是世界上最美的语言，无需成本，却收获颇丰。生活中，喜欢板着一张脸的人，总是形单影只，而那些遇事投以友好微笑的人，总能得到他人的好感。微笑所展现出的亲和力，会在第一时间缩短与陌生人之间的距离。

在销售中，你所面对的顾客大都是第一次见面，其防备心都很重，如何打消顾客的戒心，让销售过程变得顺利呢？很简单，真诚、友好的微笑。我们看那些情商高的人，无论遇到多么难缠的客户，他们始终保持着得体的微笑，不骄不躁，不仅赢得了客户的好感，还为自己争取到了订单。

情商课堂

情商高的推销员，即便在生活中遇到烦心事，也不会将不良的情绪带到工作中。面对工作，他们总是精力充沛，展现出自己最真诚的微笑。亲和力、感染力让他们的销售之路无比畅通。

这是一个消费者时代，消费者在购买过程中，更注重的是自身的感受。试想一下，如果你去买一样东西，推销员全程没有一丝微笑，更有甚者，面对你的犹豫、挑剔表现出不耐烦的情绪，你还会购买他的产品吗？我想，肯定不会。

既然如此，为什么要吝啬自己的微笑呢？

我的一个朋友盘了一个门店，销售某品牌的产品，准备就绪，她开始招营业员。应聘者挺多，她留下了两个女孩儿，试用期是一个月，一个月后两者选其一。

漂亮女孩有过类似的工作经历，且能说会道。平凡的女孩朴素大方，嘴巴稍显“笨拙”。漂亮女孩在客户进入店内后会以之前的经验进行介绍，产品的特性、功能等说得头头是道，一个月后，业绩很不错。再来看看那位平凡的女孩，显然从业绩上是不如漂亮女孩的。大多数的人都觉得漂亮女孩胜券在握，可是，我的朋友却留下了平凡女孩。

我问其原因，她说：“她的业绩虽然不太理想，但就我这一个月的观察，面对每一位客户，她从不夸夸其谈，那些从她手上买走产品的客户都是笑着走出门店的，而那些听了她的介绍，没有购买的客户也都会对她的笑容回以善意的微笑。她的整个销售过程气氛非常融洽，这正是我的门店所需要的。”

一个推销员，经验再丰富，专业知识掌握得再精湛，如果没有良好的修为，终会功亏一篑。笑容背后，是一个人良好修养的体现。真诚的微笑犹如架在你与顾客之间的桥梁，能让沟通更顺畅。

从另一个角度来看，微笑就推销员而言，代表着自信。那些拥有高情商的推销员，懂得用微笑来“伪装”自己的情绪，当你表现得自信时，自然而然心里就有了底气。当然，微笑并非简单的将笑挂在脸上，只有真诚的微笑才能引起共鸣，才能赢得客户的好感。

内容精要

卡耐基说：“笑是人类的特权。”微笑是人与人之间的一种独特的表达方式，虽然简单却会带来欢乐、幸福。微笑是对人的一种基本礼貌，能在最短的时间内拉近彼此的距离。

●**微笑提高工作效率。**一名优秀的推销员在工作中总是笑脸迎人，当一个人带着微笑工作时，声音不自觉会放轻，变得温和。面对客户，热情、真诚、自信，这些都会让客户产生好感，而且在一定程度上可以使客户焦躁的情绪得到缓解。当销售气氛变得和谐时，便有利于进行下一步的销售工作。

●**微笑消除障碍。**销售与顾客之间会有一道无形的屏障，微笑是最便捷的打破屏障的方式，诚挚的笑容所产生的化学作用是你无法想象的。亲切的笑容会促使客户做出购买行为，即便没有购买，也会对你产生好的印象，为今后的销售作铺垫。我们常说，生活像一面镜子，你笑它也笑。微笑亦如是，你对顾客眉头紧锁，顾客回以你的便是冷漠相对；你对顾客眉开眼笑，顾客回以你的便是温和与友善。一个简单的微笑拥有神奇的力量，甚至能创造奇迹。

恰当的称呼，彰显专业素养

开篇导读

我们在与人打交道时，无论是亲人、朋友、同事……在谈事情之前都会有一个称呼，比如“叔叔、阿姨、赵总、李先生、王女士、小陈、老张……”不同的称呼代表着不同的身份。

中国是礼仪之邦，称呼礼仪更是由来已久，如《弟子规》中的："称尊长，勿呼名。"一个小小的称呼，里面所蕴含的学问是不容忽视的。恰当的称呼，不仅是一个人专业素养的体现，更是学识与情感的综合体现。

为什么有的推销员一开口，就让自己陷入了尴尬？其中一个原因就是称呼出现了问题。

就销售而言，恰当的称呼在表达对客户尊重的同时，也会让对方觉得你是一个很有专业素养的人，在一定程度上可以避免不必要的摩擦。

情商课堂

一名推销员，专业知识再精通，如果不懂得语言艺术，一切都是虚设，没有施展的机会。在社交场合，称呼直接关系着双方的亲疏关系、了解程度及个人修养，恰当的称

呼让人感到舒服、愉悦，为接下来的沟通打好基础。反之，不恰当的称呼会让对方心生不悦，让气氛陷入尴尬境地，使彼此关系受到影响。

一个人的成功，不仅仅体现在专业素质上，一些细节的把握也非常重要。有些推销员之所以打不开销售渠道，觉得客户不好打交道，很大程度上，在于他们没有使用正确的语言。

有些推销员为了显示自己的热情，想要拉近与客户之间的关系，于是一见到客户就哥长姐短的，这样的态度很容易“吓”跑客户。

还有些推销员，专注于技巧性知识的掌握，他们一遍遍演练需要对客户说的话，却唯独忘了了解客户的称呼。比如客户的姓名，如果不加以了解，很容易出现张冠李戴、多音字误读等现象，进而使你的形象在客户心中大打折扣。

更有些推销员，在不了解客户身份、婚否及与其他人之间的关系的情况下，就凭感觉随意称呼。最后在不明所以下丢了订单。

某天，一位朋友向我讲述她购物时遇到的一件事。朋友是个年近三十还没结婚的女子，她说，有一天实在无聊便拉着表哥去逛商场。走进一家店，店员笑脸相迎，朋友看中一件衣服，走出试衣间，正对着镜子看效果。店员笑着走过来说：“夫人，您穿着真的是太合适了，不信您可以问一下您先生。”一句话让朋友顿时黑了脸，她换下衣服便走了。

听朋友讲完，我若有所思，看来称呼对于推销成功与否有着很大的关联。有些人或许觉得，只不过是一个称呼，几个字而已，影响不了大局。实则不然，有时候，恰恰是称呼决定了销售的命运。

一个恰如其分的称呼，正是一场优秀推销的开始。换句话说，称呼不当，可能连推销的机会都没有。恰当的称呼反映了一个人的自身修养，正确的称呼会让你赢得客户的注意，打开销售局面，利于接下来话题的展开。

内容精要

人与人之间的相处，开口第一句话便是称呼。在销售中，尤其是第一次约见客户，称呼显得尤为重要。一名优秀的推销员，会在称呼上下功夫，让客户备感亲切。谨慎对待称呼，赢得交易的同时，也会得到客户的尊重。与众多销售技巧相比，称呼礼仪虽不会引起注意，却作用多多。

●**称呼塑造语言第一印象**。良好的销售从称呼开始，当推销员的外形得到客户认可后，开口的第一句话就显得非常重要了。优秀的推销员绝不会在称呼上失敬于人，不会让客户反感，能在最短的时间里拉近与客户的距离，让销售过程更顺利。

●**专业素养拉近客户关系**。一名推销员专业与否不仅体现在对专业知识的掌握上，还包括对客户的称呼上。当最初的礼仪不到位时，后面的专业知识也没有展示的机会。这也就是为什么有的推销员即使非专业院校毕业却能业绩骄人的原因之一。他们善于用称呼来获得客户的好感，并一步步提升客户的好感度，达到交易的目的。

简单的握手，拉近客户距离

开篇导读

每个人都希望在与别人交往时能懂得对方好感，希望自己是个受欢迎的人。而要成为一个受欢迎的人，首先要清楚人与人交往，哪些言行举止是不受欢迎的，哪些是需要克制的。从个人修养角度来看，礼仪是一个人内在修养和素质的外在表现。而要真正成为一个有良好礼仪素养的人并不容易，因为它是以情商为支撑的。

无论是在生活中，还是工作中，握手礼仪都是司空见惯的举动，可就是这一个小小的举动直接影响了销售的结果。细节决定命运，细小的动作最能暴露一个人的修养。从你出现在客户眼前的那一刻，你的一举一动都被客户看在眼里，稍有不慎，一单生意就会无疾而终。

因此，不要忽略小小的握手礼仪，它带给你的惊喜是无法想象的。

情商课堂

在销售领域，相信很多推销员都想在第一时间拉近与客户的距离。于是，有些推销员在见到客户的那一瞬间便表现出自己的热情，极力讨好客户，可结果呢？不但没有得到客户的认可，反而引起了客户的反感。

作为一名推销员，规范的礼仪很重要，可以说价值千金，是良好交往的开端，能使销售达到和谐、文明的效果。在与客户面谈中，握手礼仪是不可避免的，几乎在任何场合都会出现握手礼仪，这是一种友好的表达方式，也是推销员与客户之间最恰当的问候方式。不要小看这小小的动作，握手的方式、力度、时间应根据客户的性别、身份等有所调整。这样既不会让客户觉得你太随意，也不会让客户觉得过于热情。

很多时候，智商的高低在销售中所发挥的作用不是绝对的。一名推销员如果不懂得如何做好自己，智商再高也做不好销售。

我去参加某聚个会，在与朋友闲聊的过程中，一位西装革履的年轻人走了过来，做了自我介绍，原来是某品牌公司的推销员。我点头示意，年轻人显然不想放过这个“绝佳”的推销时机。他面带笑容，伸出右手，出于礼貌，我也伸出了右手与之握手。准备抽出手时，年轻人似乎过于热情了，左手附上我的右手手背。他说：“能在这里见到您真是太高兴了……”他说了近一分钟才松开了我的手，这让我觉得稍稍不适。

握手礼仪在销售中的作用可大可小。可以说，每位推销员都有与客户握手的经历。可是，你真的会握手吗？如果你也如上述推销员一样，那么，就很有必要学习一下握手礼仪，否则，销售工作将会很难开展。

握手的姿势、力度、方式、时间等都是在无声地传递你对客户的重视与尊重程度。不恰当的握手会让客户产生负面印象，进而影响销售效果。通常来讲，握手的时候，伸右手，四指并拢，拇指与手掌呈45度角。在与客户握手时需面带微笑，主动上前、身体前倾，以此来表达自己的友善与尊重。在此期间目光保持平视，眼神的交流很重要，体现了你的自信与坦然，力度把握在六七分最为合适，过轻会让客户觉得你冷漠，不够真诚；过重则会让客户不舒服，觉得你动机不纯。如果客户是女性，则力度适当减小。握手的时间保持在3~5秒之间，尤其是面对女客户，握手时间过长会引起对方的反感，让局面陷入尴尬。

由此可以看出，握手是需要一定技巧的，遵循一定的规则会赢得客户的好感。

我曾遇到过一位事业很成功的企业家。有一次他从外面赶回来，某公司的销售代表与之打招呼。他没有给人高高在上的感觉，而是第一时间脱掉手套，与之握手。仅仅是脱手套的动作，就能体现出这位企业家的涵养，无形中拉近了彼此的距离。

学会用礼仪为自己的销售之路作铺垫，通过正确的握手礼仪给客户留下好的印象，这是一个人高情商的体现，更是促进沟通的好办法。

内容精要

歌德说：“有一种内在的礼貌，它是同爱联系在一起的。它会在行为的外表上产生出最令人愉快的礼貌。”一个人的礼貌应是由内而外的，别人会从一些日常行为中感知到你的教养，而一个人的教养直接关乎着一个人的命运。

●**握手礼仪获得推销机会。**一个高情商的推销员对于细节的处理非常到位，成功者之所以更成功，就是对外在形象的处理非常到位。常常被忽视的握手礼仪他们运用得炉火纯青，这样的处世态度，让他们总能发现别人注意不到的小细节，进而取得成功。

●**简单握手礼，增加好感度。**客户对你的好感度直接关乎着销售的成败，你用什么方法获得客户的好感，关键在于礼仪的规范使用。有些推销员因为一个小动作成就了一单生意，而有些推销员则因为一个小动作毁了一单生意。这就是礼仪的重要性。

恭谦的客套，提升你的亲和力

开篇导读

在生活中，无论是老友见面，还是结识新朋友，开口大多是客套之语。人与人的性格不同，因此，客套话所达到的效果也有所不同。比如，性格谦卑的人，客套话就克制有度；性格热情奔放的人，客套话很可能就成了闲话家常。

推销员每天与客户打交道，客套话自然必不可少。高情商的推销员往往能正确使用客套话，在短时间内提升自身的亲和力，缩短自己与客户之间的距离，使氛围更利于销售。

情商课堂

一名合格的销售，即便满腹话语，在面对初次见面的客户时也应克制。有人说，客套不就是与客户瞎聊吗？烘托气氛，天南海北聊下来，便与客户熟悉了。其实，客套话没你想象的那么简单，稍不留神，客套话就会让你成为客户眼中的“话唠”或“神经质”。

客套话看似与销售的内容没有关系，实则是提升亲和力最有效的方法。过于热情或是冷冰的问候，都会让客户感到不适。

有一类推销员，在见到客户之后，为了让自己看起来更有亲和力，于是，滔滔不绝讲起自认为有趣的事。为了不冷场，话题一个接一个。到最后，正事没讲，废话倒是讲了一大堆。而且，还没引起客户的关注。反观另一类推销员，短短的几句话，就让客户眉开眼笑。

某天，陪同公司领导去谈业务，这位客户之前只是电话联系，此次是初次见面。到达客户的公司，客户正在开会，我们被安排在了休息室。公司领导站起来东瞅瞅西看看，我本以为他只是单纯的不想坐着等。没想到在接下来与客户的交流过程中，这样的走动起了大作用。

与客户见面，公司领导并没有急于和客户谈业务。而是很认真地说："刚才在休息室看到了贵公司一些平日里举办的活动照片，很有活力啊。尤其是踢足球那些照片，我们公司也组建了足球队，不过实战经验实在太少了。"客户说："公司里多举办这些活动对员工各方面发展都有好处。"公司领导说："是啊，陈总，到时我们两家公司可以互相切磋一下嘛。"在这样的氛围下，公司领导适时进入正题。业务谈得很顺利，当场就将合同签下了。

客套话需点到为止。客户是否愿意听你把话说完，或是对你的话是否产生兴趣，这在使用客套话时要尤为注意。一名推销员，只有严格要求自己，该说的时候说，该听的时候听，给客户留下好印象，便可使销售之路更加顺畅。

一个高情商的推销员，不会让任何一句话变成废话，看似漫无天际的"闲聊"，实则都是在为接下来销售的展开作铺垫。而一些情商低的推销员，其“客套话”就成了阻碍沟通的障碍。

语言对于销售的作用是不言而喻的，正所谓：货卖一张嘴。当一个推销员能巧妙地运用语言打开销售之门时，便离成功不远了。

学会说客套话，在面对客户时，用恭谦的态度、巧妙语言，来提升你的亲和力，让客户主动与你交流。客套话说得好，客户自然愿意继续听，最终达成协议。

内容精要

曾听过这样一句话：“当顾客愿意与你沟通的时候，就相当于成功了一半。”在推销员的话术中，客套话就如润滑剂一般，可以使气氛更加和谐。或许你的产品不是同类产品中最好的，但客户被你的亲和力所吸引，更愿意与你合作。

●**客套改变销售节奏**。有的推销员一天可以谈下好多客户，而有的推销员三天谈不下一个客户。其中一个原因就是你说的话客户不爱听。如果不加以改变，即便拜访十次也改变不了结果。那些优秀的推销员总是让客户迅速进入状态，恭谦的客套，悄无声息地就将客户引入了正题。

●**客套不忘销售**。大多数情况下，客户都会带着防备心与推销员周旋，客套的目的就是让客户放松下来，创造一个轻松、愉悦的环境。当然，客户放松下来后，就要快速进入正题，如果因为客套之后相谈甚欢就不好意思推销产品了，那就偏离了客套的初衷。

第四章

小细节就是一切，用高情商揽住客户

守时，是销售工作最基本的要求

开篇导读

德国有一句谚语“准时就是帝王的礼貌”，对于推销员来说，守时是最基本的职业要求。

也许有人会说，只是迟到几分钟，没什么大不了的。这是一个人的素养问题，迟到一分钟与迟到半个小时，从某种意义来讲，性质是一样的，都是一种缺乏自我管理与约束力的表现。如果你对别人的时间不尊重，别人为什么要尊重你的时间呢?

情商课堂»

在销售行业，推销员约见客户是很常见的。在赴约之前，也许你觉得你在专业问题上准备充分，对此次谈判胜利在握。可是，因为对时间的把控出了问题，你迟到了五分钟。谈判还是按原计划进行，但客户的态度却与之前相差甚远。对于这种情况，你是否感到很困惑?如果是，那就要认真对待“时间”了。

其实不止对销售工作来讲，对于处于任何行业的人来讲，守时，是一个人工作的基本要求，也是必须要遵守的。成功者之所以更成功，一个很大的原因就是对时间的管理。推销员的工作在很多时候，时间是很自由的，这对于一个没有时间管理观念的推销员来说，并不是一件好事。

守时对于一个人的重要性体现在方方面面，对销售而言，如果是第一次约见客户，在客户没见到你之前，准时是你给客户的第一印象。你比客户早到是应该的，你比客户晚到，但没有迟到，客户也不会在意。甚至你可以用小幽默来提升自己的好感度，你可以说：“我迟到了吗？我刻意提前10分钟出门，没想到还是被您抢先了，看来下次我得提前半个小时才行。”可是，有一种情况是客户不能容忍的，那便是既没有客户先到，还超过了约定时间。迟到了，说不定会失去谈话的机会，即便客户给你时间介绍，但也让你的形象大大折扣。被贴上了“不守时”的标签，对你今后的发展非常不利。

某推销员与客户的第一次约谈很愉快，客户对推销员有了一定的信任度。第二次约谈，本来约上午九点，可推销员有事耽误了，他想着反正与客户已经熟悉了，迟到一会儿没事。于是，在没有跟客户说明原因的情况下，九点半才到客户办公室。客户是个时间观念很强的人，推销员的迟到耽误了他一天的行程安排，让他很生气所以第二次沟通很不顺利。

在销售领域，守时既是一种礼貌，也是一种美德，更是一种基本礼仪。回想一下你最近的状态，是否在约定时间内到达地方？是否因为无法按时完成任务而给他人工作带来麻烦？每个不守时的人都有自己的“难处”，路上堵车、偶遇熟人闲聊……这些理由看似能获得别人的原谅，可是，迟到所带来的连锁反应会让你的信誉度直线下降。

一个完全没有时间观念的人是很难给他人留下好印象的。人与人之间的差别都是从小细节中显露出来的，那些在各行各业做出成就的人，通常都有一套自己的行为准则、处世方式、经营理念，可是，他们却有一个共同的特点，那便是守时。反观那些行为懒散的人，约会迟到还觉得理所当然，这样的人是很难取得大成就的。

守时，不仅是对他人的尊重，更是对自己的尊重，做一个守时的人，无论走到哪里都是受欢迎的。

内容精要

很多时候，守时是与道德联系在一起的，一个人如果连最简单的守时都做不到，那失去的不只是机会。对于推销员而言，你在销售产品之前，首先得让客户认可你这个人，你的个人修养如何。在约定时间前5~10分钟达到相约地点，会给客户留下好的第一印象，才能顺利进行下一环节。

●**迟到不是小事。**迟到关乎一个人的信用、道德……销售中，对于时间的计算虽不用做到精准，但能早到绝不刚刚好或晚到。不要小看“守时”，它给你的“教训”是一生的。高情商者对于细节非常注重，不仅对自己有严格的要求，对于相处的人也要求严苛。所以，在学习他们的同时，如果与之相处，也要注意对时间的把控。

●**守时提升信誉度。**一个推销员的信誉度直接影响着销售业绩，什么方法可以让客户感受到你的信誉度？守时是一方面。不管是客户约你，还是你约客户，都要计算好时间，让客户感受到你的工作态度及对此次见面的重视程度，这直接关乎谈判的结果。多看看那些业绩好的推销员是如何做的？他们永远会比客户早到，以严谨的态度赢得了客户的欣赏。

打电话，“打”出你的高情商

开篇导读

在人手一部手机的时代，打电话已经成为十分常见的沟通方式，电话让人与人之间的沟通更加便捷，拉近了人与人之间的距离。

可是，电话沟通也成为了很多人的障碍，有时明明有很多话，但电话接通那一刻，一时语塞，不知道该怎么说了。再比如说电话那头正说得起劲，你一不小心打了个哈欠，对方顿时没了说话的心情，草草挂了电话。

这些都是情商问题，情商高的人即便是给不太熟悉的人打电话也不会让彼此觉得尴尬，而情商低的人即便是给亲人打电话，也是有事说事，说完就挂，让对方觉得很不舒服。

学习如何打电话，打出你的高情商。

情商课堂

作为推销员，给客户打电话是不可避免的，电话也成为了工作中不可或缺的工具。可是，一些推销员在打电话时说不到三句话就会引起了客户的反感，这是为什么呢？

还有一些推销员电话打通后支支吾吾，不知要表达什么，这又是什么原因？一个电话可以反应出一个人的情商，尤其是推销员，电话的作用是非常大的。

某天我再次接到某健身俱乐部的电话，电话是他们在大街上做问卷调查时留下的。之前确实对健身挺感兴趣的，但后来衡量了一下，决定放弃了。推销员说俱乐部刚刚开业，可以让客户免费体验一下。我不太想折腾便说对健身不感兴趣，以后有兴趣了再去。推销员说："您之前不是挺感兴趣的吗？怎么说不感兴趣就不感兴趣了呢？我跟您说，健身真的很有好处……今天下午我们有个免费体验活动，您不感兴趣也没关系，可以来体验一下……"听他说了一大堆话，我已经有些不耐烦了。我说："我现在在外地，明天才回去。"推销员说："是吗？您是在哪儿？"推销员怀疑的话语让我感到极不舒服，我说："我还有事，先这样了，以后有需要的话会联系你的。"然后就挂了电话。

相信很多人也接到过类似的电话，很多推销员都是如此，不顾及顾客的感受，只是为推销而推销，对于顾客的情绪变化也没能及时反应过来。说出的话总让人感觉不舒服，又如何让人对你产生好感呢？

我们每天都在说话，你是否注意过，你说出的话会让人不舒服？在打电话的过程中，情商的高低决定着信息传递是否通畅。很多推销员在通过电话与客户沟通时，总是机械性地将事先准备好的说辞一字不落地说出来，至于客户听进去多少，理解多少，却无从得知。

给客户打电话是每个推销员都会遇到的事情，而有的推销员就处理得很好，不仅顺利见到了客户，还拿到了签单。

我有一个同事，最近在追踪一个客户，但打过去几个电话，得到的回答都是“负责人不在”。我的同事会将每次打电话的信息记录在工作薄上。在第四次电话预约时，他终于听到了客户的声音。

“您好，赵先生，我是 ×× 公司的推销员，您工作一定很忙吧，我给您打了三次电话，都没找到您，这次终于可以和您通上话了。”我在一旁刚好听到了同事的一番话，我想，如果电话那头是我，我心里肯定很舒服。这样的话不仅体现了工作认真的态度，还拉近了彼此的距离。

由此可见，打电话也是需要技巧的，如果说话让客户感到不舒服，销售是很难进行下去的。学会如何打电话，注意电话礼节，不要以为不是面对面交流，就可以忽略打电话的细节。打电话时，你是站着还是坐着，给人的感觉是不一样的，而且你的整个精神面貌都能通过电话传递到客户耳朵里。因此，即便客户看不到，也要面带微笑、充满激情，电话结束了，等客户先挂断电话，这些都能为你赢得好感。

内容精要

很多时候，交易是在电话中完成的，这就对推销员提出了更高的要求。稍有不慎，一句话就有可能毁了一单生意。比如说，客户提到某重点时，你说：“请您稍等一下，我找个本子记一下。”可能会给客户留下认真负责的印象。如果在打电话时，不理会客户的情绪，一头热在电话里说个不停；说话带情绪，给人一种没精神的感觉；语速太快或太慢，语调忽高忽低；趴在桌子上或懒散靠在椅背上打电话；面对客户的提问说不出个所以然；比客户先挂掉电话……如此种种都会引起客户的反感，不利于接下来的谈话。

●**善表达，获赞许。**中国的语言博大精深，比如，要达到某种目的，因为语言表达的不同，会得到完全相反的态度。一位有烟瘾的教徒去祈祷，他对神父说："神父，我能在祈祷时抽烟吗？"此话一出，得到了神父的强烈遣责。再来听听另一位有烟瘾的教徒是怎么说的："神父，我能抽烟时祈祷吗？"他的要求不仅得到了神父的允许，还得到了神父的高度赞扬。所以，表达方式非常重要。恰当的表达既可以达到自身的目的，还能赢得对方的好感。

●**聊出来的交易。**销售靠的就是一张嘴，我们都会说话，但又有多少人能说好话呢？销售行业，如果话说不好，很容易引起客户反感，失去签单机会。如何才能让你说出的话受欢迎呢？这就需要提高你的情商，高情商的人打电话都会给人一种愉悦感，客户不自觉受其影响，一步步掉进"陷阱"里。

小名片里面有大情商

开篇导读

生活中，从一个人的行为举止可以看出一个人的品质，而细节的讲究则可以成就一个人，可以从一些细节看出一个人的大情商。

接受、递送名片是一个很简单的动作，但就是这么一个简单的动作可以成就一个人，也可以让一个人寸步难行。

一张小小的名片上面承载着你的信息，代表的是你自己，在与人交往过程中，尤其是第一次见到的人，都有相互递名片的动作，如果不注意递名片的礼仪，很容易引起对方的反感。

情商课堂»

身处职场，每个人都有属于自己的名片，这是一种简单的自我介绍的方式。尤其对于初识者，在你想了解对方，又害怕过于唐突时，名片的使用就解决了这一问题。

对于推销员来说，每天都会发放名片，也会收到很多来自于客户的名片，这已经是社交场合不可或缺的礼仪。你是否注意过自己接递名片的礼仪呢？这些常识性的问题如果出了错，对于接下来的谈话是非常不利的。

有一次，我在某商业大厦前厅等人，看见一个西装革履的年轻人，手提公事包，正在与一名阿拉伯人交谈。看得出来，那位阿拉伯人有急事要外出，在听年轻人说话的同时，脚步并没有停下。从我旁边经过时，零星几句英语落入我的耳中。年轻人是某品牌推广人，似乎蹲守不是一天两天了。

年轻人怕错失良机，便掏出名片，在阿拉伯人准备上车前，他将名片递了过去。因为右手提着公事包，时间又赶，年轻人便用左手将名片递给了阿拉伯人。随即，我观察到，阿拉伯人眉头皱得很深，似乎很生气，看了一眼名片并没有接，也没有再给年轻人说话的机会。

我心想，这个阿拉伯人好没礼貌。一次偶然的机会，从朋友那里听说了一些关于阿拉伯人的特殊习惯。原来在阿拉伯人的信仰中，左手是不净的。在接递名片时使用左手，被视为一种不礼貌的行为。现在想来，并不是那位阿拉伯人不讲礼貌，而是那位年轻人事先没有注意这些细节问题。

很多推销员在见客户之前会做很多准备，但往往会忽视这些小细节，进而使谈话变得不太顺利。不要小看接递名片的礼仪，好的礼仪可以使你获得更好的机会。交换名片也是人际关系建立的第一步，发送名片、接受名片，直接影响着一个人的形象。或许你觉得你的工作接触不到外宾，不需要了解这些。实则不然，小小的名片可以显现出一个人的情商，因为接递名片而发生的尴尬事件不在少数，比如接递名片时手上夹着烟，而烟刚好触碰到了对方。再比如，接到对方递来的名片时，不小心将名片掉在了地上。还有在接到对方递过来的名片后，看也不看随意塞进包里……这些都是一种不礼貌、不尊重人的表现。

有一类推销员对于这些细节就处理得很好。曾经遇到过一位推销员，他先做了自我介绍，然后很自然地掏出名片，面带微笑，双手的拇指与食指拿着名片上端的两角，正面朝上递给了我，边递边说："这是我的名片，上面有我所有的联系方式，请多关照。"然后在我递上名片时，他双手接住名片，端看，读出了我的名字，接着将名片郑重地放进了公事包里。这位推销员给我的印象很好，他接下来的表现也没让我失望，是个专业知识过硬的推销员。

一个小小的接递名片的动作，稍有不慎，就会改变客户对你的印象。规范接递名片礼仪，让自己成为不让人反感的人。

内容精要

对于一个专业人士来讲，名片就相当于门面，是一种推销自己的方式。一方面可以加强你的个人信息，另一方面在客户想要联系你时，你的名片刚好就在他看得见的地方。因此，要学会如何使用名片，便于你工作的展开。

●**小细节，大情商。**一个人的情商不仅仅体现在语言表达上，一些细节的处理也可以看出一个人的情商。大多数的成功者，即便身居高位，对于礼节性的东西也严格遵守。这也是他们成功的原因之一。礼仪凸显情商，情商使礼仪得到升华。因此，他们走到哪里都是受欢迎的。

●**小名片，博好感。**名片使用得好不好直接关系着客户对你的印象，进而影响接下来的谈话。有些推销员就特别在意自己的名片，会花心思设计，会借助于名片来传递自己严谨的处事态度。而有些推销员则抱着"广撒鱼网，能抓住一个是一个"的心理，毫不重视名片的使用，这种心理也使得客户无法重视你。

客户错了怎么办

开篇导读

金无足赤，人无完人。没有人可以肯定地说，自己从不犯错。在生活中，人与人之间的相处，贵在相互理解。有的人走到哪儿，朋友交到哪儿，很大一个原因就在于，他们有容人的度量，即便对方错了，也能完美解决矛盾。

有大作为的人，从来不会纠结于谁对谁错，问题出现了，便想着如何解决问题。反观目光短浅之人，遇事非要争个对与错，如果自己占理，便会得理不饶人，最后虽然争赢了，却失了和气。

从这些小细节就可以看出一个人的情商，而情商的高低也左右着事态的发展。

情商课堂

在销售行业，即便做了万全的准备，考虑到了方方面面，到头来还是会出现这样或那样的问题，让人措手不及。尤其在面对不是因为自己而造成的错误时，就非常考验推销员的情商了。

推销员所面对的客户都是不同的，这就需要推销员了解每位客户的处事方式，以便采取相应的应对措施。推销员在销售过程中，常常会遇到这样的情况：明明是客户错了，如记错了尺码，定错了货，将货物损坏……可是，却将责任推到推销员身上，且要求赔偿损失。面对这样的情况，该如何处理呢？如何在解决问题的同时，又不会让客户产生反感，且不会损失公司利益呢？

有一类推销员做事很有原则，勇于承担，但对于不是自己的错，也是坚决不低头。面对因客户的原因造成的错误，他们通常会说："肯定是您记错了，我这里还有记录，不信您看。"然后拿出一大堆"证据"来证明自己没错。结果，也确实证明了自己，却失去了客户。

这让我想起了我的某次网购经历。收到产品后，发现型号不对，然后就联系了商家。在我说明问题后，客服直接说："不可能，我们是完全按您拍的型号发货的。"我说："可是型号真的不对啊，我完全没法用。"过了一会儿，客服将之前的聊天记录发了过来，还有我下单时的记录，原来真的是我订错了。

还没等我说什么，客服直接说："您看，这根本不是我们的错，是您拍错了型号。不过您可以换的，只是运费得自己承担。"看到这句话，本就因为产品型号问题心情不好的我更加不高兴了。我直接说："算了，我退货。"

这种情况并不少见，我并不是为我的错误开脱，但是站在消费者的角度，需要的只是同理心，哪怕是消费者的错误，卖方也应该理解消费者，耐心处理好售后工作。这样肯定会赢得消费者的感激，有了二次交易的机会。

还是上述例子，如果是情商高的推销员就会这样解决。

“非常抱歉，我马上给您核对一下。如果真的是我们公司发错了，我们将承担运费，将正确的产品给您发过去。”

“您好，是这样的，我这边核对了一下，仓库确实是按照您拍的型号发货的，要不您再看一下您订购的记录？”

我查了一下，确实是我拍错了。

“您可以选择换货，我们收到货物后，将会第一时间给您邮寄正确的产品。只是运费需要由您来承担。”

面对这样的推销员，我想大多数的消费者都会选择调换而非退货。销售看似简单，实际操作起来却很复杂。谁应该为“客户的错”买单呢？面对这样的局面，如果将过错完全归咎于客户，通常会让事情变得更糟。即便客户已经承认了自己的错误，但通常还是希望公司可以帮忙解决。如果公司不予理会，或与预期相差甚远，他们对公司的信任值会大打折扣。

有人说，推销员即便受了天大的委屈也只能往肚子里咽，否则会失去客户。其实，也没那么危言耸听。当客户出现错误时，推销员可以大方地提出来，并提供合理的解决方案，不与客户据理力争，在通常情况下，事情会圆满解决。

内容精要

销售环节一环扣一环，有时因为沟通不畅或是其他原因而出现错误是常有的事。如果不纠结于错误本身，而是想办法去解决，终会得到客户认可。即便客户将错误全推到你身上，你的不推诿也能赢得客户的信赖。

●**四两拨千斤，将问题抛给客户**。在销售中常常会遇到“不讲理”的客户，明明是自己的错，却碍于面子不愿承认。面对这样的客户，推销员可以用四两拨千斤的方法，将问题抛给客户。首先对客户的遭遇表示理解，再表明取消已经来不及了，最后说如果非要取消成本太高，接着看客户态度。在态度上给予让步，不要让客户觉得你站在他的对立面，照顾到客户感受的同时，也不会让公司利益受到损失。

●**客户永远是对的**。所有的推销员都希望得到客户的信赖，当出现了错误，也是希望能在第一时间解决。在这里，用什么方法解决非常关键。面对客户的错误，聪明的推销员奉行“客户永远是对的”，在与客户的沟通过程中，会站在客户的立场去考虑问题，给予客户最大的尊重。因此，他们能打破僵局，使问题得到圆满解决。而过于死板的推销员则奉行“一是一，二是二”，错了就是错了，绝不会为客户的过错买单，进而失去了很多机会。

第五章

顾客是最好的老师，用顾客思维点亮自己

客户喜欢听行家的话

开篇导读

说话是一门艺术，从一个人说话的内容可以看出他的品质、见解、知识……是在什么层次。俗语有云："行家一出手，就知有没有。"术业有专攻，相较于侃侃而谈却一句话都不在点上的人，人们更喜欢听专业的话，这更让人信服。

这就好比去医院就医，大多数的人都愿意多掏钱挂专家号是一样的道理。从某种意义上来讲，专家等同于权威。因此，购车找行家、美容找专家……

我们说，三百六十行，行行出状元。不管从事什么职业，要想做出成绩，首先就是让自己成为这个行业的专家。人们会因为你的专业、客观更加相信你、信任你。

情商课堂

随着社会竞争的愈发激烈，社会分工也愈发精细。相信很多人都有过这样的经历，在应聘时，不是相关专业的，负责招聘的人连简历都不会细看。尤其对时下年轻人来讲，毕业后找工作似乎什么能做，但又都不精通。于是，在“专家”竞争者面前，这些什么都知晓一点的人很难有发展机会。

的确，就现代社会的发展来讲，有哪个公司会聘用一个没有真才实学的人呢？大环境下，唯有让自己足够细，足够专，才能在行业占有一席之地。这个社会需要专家，就销售工作而言，则需要行家。拿汽车销售来讲，大多数的人对于汽车只是有个笼统的了解，这个大型、复杂的机器，无论从哪方面来讲都涉及了太多的专业知识。随着人们生活水平的提高，买车的人越来越多，但对于大多数人来讲，汽车知识掌握的少之又少，有些仅限于知道车的品牌，对于车的性能、操控、安全性等问题都需要有专业人士来解疑答惑。此时，如果想要获得客户的信任，你一定要是个行家，一定要比客户懂得多。不仅对顾客提出的问题对答如流，还能从专业的角度来协助客户选择最适合自己的一款产品。

那些王牌推销员，总能给客户留下深刻的印象，很大一部分原因就是他们让自己成为了行家，他们熟悉公司产品，用专业的语言与态度征服了客户。有些推销员觉得，只要产品够好，态度够真诚，是不是行家无所谓。其实不然，客户最喜欢听的就是行家的话。作为推销员，如果顾客懂得比你还多，那你的价值何在？

总而言之，对于推销员而言，要想在行业立足，要想得到客户的认可，就要使自己成为“专才”。而且，关于产品的相关知识是每个推销员所必须掌握的，业务素质是对每个推销员提出的最基础要求。王牌推销员与一般推销员最大的差距就是专业素养。王牌推销员在说话时底气十足，话从他们嘴里说出来，很容易让人信服。正因为那份专业，让客户喜欢听，也能听得进去。

内容精要

在大多数人的印象里，那些“专家”都是天赋异禀的人，但事实并非如此，只要有心，通过训练，你也可以成为某个领域专家。作为推销员，当你的专业不断提高时，销售业绩也会随之增长。

●**客户喜欢你的专业。**一个推销员要想让客户听你的，那么，你所说的话就要有吸引力。如何才能做到这一点？什么样的话最容易让客户放下戒备？站在客户的角度，很容易得到答案。客户去购买某件产品，当然希望听到更为专业的介绍。面对客户的提问，能从专业角度给出专业意见，相信客户会更满意。

●**专业实现自我价值。**所有追求成功的人都是为了实现自我价值，成大事者，必定对自己所在的领域异常熟悉，他们有着专业的知识，丰富的经验，并能将这些自然地运用到工作中。高情商的推销员即便推销最简单的产品，他们也能从各个方面围绕着产品进行介绍，让客户在毫无疑问的情况下，完成交易。而有些推销员，则是做一天和尚撞一天钟，面对客户的疑惑，他们也是一问三不知，这种情况下，如何能创造业绩？

要想让销售变得顺利，首先得让自己变得专业，你的专业度决定了客户是否愿意听你的话。

用你的热情拉近与客户的距离

开篇导读

热情的人生性开朗，对待生命中的不完美不会抱怨，明媚的笑容如一股暖流，让人心生温暖。

热情的人懂得爱自己，更懂得爱生活，在与人的沟通交流中，乐于分享，释放自己的热情，让彼此之间不会尴尬。热情的人会站在对方的立场思考问题，理解、包容，让他们收获难能可贵的情谊。

无论是对待自己或是朋友，他们展现出来的都是真实的自己。热情四射，真诚以待，乐观的生活方式，正是高情商的体现。

情商课堂

在大多数人的印象里，推销员都是“热情”的人。为了签单，他们在客户面前展现自己的能说会道，用高密度的轰炸方式，一会儿的功夫就与客户称兄道弟，结果反而加重了客户的防备心理。

此“热情”非彼“热情”，有些推销员正是混淆了“热情”的真正含义，才将客户吓跑的。

曾去一家店里买东西，走进店里，店员热情地迎了上来，笑容满面地问我要买什么，我说："随便看看。"

店员便开始寸步不离地跟在我身边，喋喋不休地介绍起了店里的产品。当我多看某样产品两眼时，他便说："这款产品是昨天刚到的新款，很适合您的。"我继续看其他产品，店员一刻也没离开过我身边，嘴巴也一刻没停下来。于是，我草草看了几眼，便走出了这家店。

店员的"热情"让我有些无福消受，虽然现如今对于推销员的素质有了更高的要求，对于客户需保有热情，但并非是以这样的方式来表现的。过于殷勤，为了说服客户而使用盲目夸张的赞美之词，得到的不过是客户的一句"我再看看。"

在成功的销售案例中，热情的分量占到了百分之九十以上。真正的热情是非常有感染力的，不是胡编乱造的泛泛之夸。客户喜欢热情的推销员，这类推销员会让人感到亲切、自然，尤其是第一次见面，这样的热情能瞬间拉近彼此的距离，营造轻松、愉快的交流氛围。

我去某商店挑礼品，看了一圈没有挑中满意的，便准备离开。此时，推销员走了过来，热情地对我说："您好，能让我来帮您挑选吗，我对这附近的礼品店非常熟悉，我可以帮您挑选到最合适的礼品，还能帮您还还价。"推销员带着我到了别家礼品店，最终还是没挑到令我满意的。

看着依然满脸笑容，没有丝毫不耐烦的推销员，我说："我还是决定在你店里买礼品。"

我做这个决定，并非他店里的礼品比其他店的礼品要好，而是他的精神与热情让我感动。真正的热情与阿谀奉承是不同的，真正的热情可以感化一个人的心灵。对于推销员而言，在销售过程中，保持友好的情感是非常重要的。试想一下，如果你走进一家店，面对的是一张阴沉的脸，好似你欠了他钱一样，说话冷冰冰的，一副爱理不理的态度，你还有购物的心情吗？肯定没有。面对你的“苦瓜脸”，客户怎会有兴趣听下去呢？

内容精要

贝克登说：“经验告诉我们：成功和能力的关系少，和热心的关系大。”由此可见，一个人无论能力有多大，如果缺少了那份热情，也是很难取得成功的。作为推销员，如果没有了热情，那将是一件非常糟糕的事，不但会“逼”走顾客，还会将成功拒之门外。激发自己的热情，即便能力有限，你也能得到客户的喜欢，取得属于自己的成果。

●**热情创造动力**。一个人无论做任何事都需要有一定的动力，而动力来自于你的热情。在热情的驱使下才有动力，才会全身心投入到一件事情上。所有的成功者都有一个共同点，那便是热情，他们对自己所从事的职业有着极大的热情，即便这不是自己所擅长的，但依然能创造奇迹。原因很简单，他们投入了自己的热情，因而成就了交易。

●**热情让你更受欢迎**。热情的人犹如一个发光体，或许只是一个笑容，就让人感到温暖，不自觉想要靠近。销售最终的目的还是交易，如何让陌生的客户放下戒备，听从你的建议，完成这次销售呢？那就需要“热情”的帮助。有些推销员面对客户，能很快打开话题，又不令客户反感，在三两句话的交流中，就能获知客户真正的需求，然后给出最佳建议。因此，这些客户不但购买了他们的产品，还与之成为了好朋友，这就是热情的力量。而有些推销员则不是过于热情就是过于冷漠，让客户感到不适，只能匆匆避开，销售业绩也因此受到影响。

客户喜欢与诚信的人做生意

开篇导读

诚信是为人之根本。生活中，因失掉诚信而一无所有的人不在少数。小时候，我们听了很多关于诚信的故事，如狼来了、烽火戏诸侯等，故事的结局无一例外，小男孩与周幽王都受到了应有的惩罚。

言不信者，行不果。对于一个人而言，如果谎话连篇，那么，他做任何事都不会有成果。那些真正追求成功的人，将诚信看得非常重，这笔无形的财富助他们最终走向了成功。诚实守信的人无论从事何种职业，不管走到哪里都自己快速取得别人的信任。的确，没有人愿意结交言行不一的人。

情商课堂

有一句流传了千年的话："人无信不立，业无信不兴，国无信则衰。"古今中外，对于"诚信"的讨论从未停止过。一个人，不管你从事什么行业，地位有多高，都不能丢了诚信。尤其是销售行业，推销员的诚信对于销售业绩起着决定性的作用，而诚信也能为你带来最长远的利益。用欺骗手段或许能得到一时的利益，但在你看不见的地方，你失去的将会更多。

高情商的推销员决不会为眼前的利益而使小聪明、小手段去欺骗别人。他们知道，即便运用见不得光的手段成功了，也如昙花一般，稍纵即逝。林肯说过这样一句话："一个人可能在所有的时间欺骗某些人，也可能在某些时间欺骗所有的人，但不可能在所有的时间欺骗所有的人。"再高明的骗术终有被揭穿的一天，那时，你就会成为众矢之的，再无翻身的机会。

有些推销员做事毫无底线，用他们的话说，能骗一个是一个，于是，当有顾客进入他们的视线时，就会竭尽所能，不遗余力地推销。这类推销员总是会忘记答应过客户的事情，急于成交，在匆忙之下便承诺客户自己做不到的事。如果客户的问题得不到的解决，你在客户心中的信任感就会越来越低。

对于这一点，我曾吃过一个推销员的亏。某次与一个推销员签订了合同，那批货比较急，需要 15 号之前必须到货。签合同时，推销员非常热情，承诺到货时间绝对没问题。15 号那天没有收到货，我打电话给推销员，推销员支支吾吾地说："不好意思……是这样的，那天回公司后发现公司没有可调度的车了，所以推迟了两天发货……明天……嗯……最迟后天就能到货……"听到这样的话，着实让人生气。我当时心里想着：只此一单，不会再续约了。

当一个推销员不将承诺当回事时，他的销售之路不会走太远。情商高的推销员不会用这种愚蠢的方式来断送自己的销售之路，对于达不到的要求，他们会据实回答，以此来赢得客户的好感。在大多数情况下，客户并不会因为你的诚实而拒绝与你交易，相反，会欣赏你的为人，喜欢与你做生意。

与朋友闲聊，朋友谈到了与之合作的一位推销员。他说，在与推销员签订完合同后，对方按时出货了，在收到货后，推销员突然打来电话说这批货发错了。看着并没有问题的货物，正当朋友纳闷之际，推销员解释说这批货因为工作人员的疏忽将一袋子残次品混在了里面。因为是抽查，所以没有及时发现，最后在清点仓库时才发现的。推销员主动承担责任，愿意赔偿损失。

最后我问朋友是怎么赔偿的，朋友摇摇头说，没要赔偿，只是让他们下次将货补发过来。他说，与这样的人做生意，心里放心。

面对客户，要时刻表现出你的诚信，不要因为一时的小聪明而失去客户的信任。

内容精要

作为一名推销员，诚信待人，才能吸引更多的客户。销售技巧运用得再娴熟，如果缺少了诚信，虽然能签到客户，但一定不会长久。当你以诚信作为自己的名片时，即便当时收益不大，甚至略有损失，但从长远来看，你会获利更多。

●**诚信赢得信赖。**在销售工作中，获得客户的信赖是至关重要的，如何让客户信赖你呢？最简单、直接的方式就是卸掉你的面具，收起那些小聪明、小心机，建立自己的诚信体系，这样才能获得客户的认可，客户才喜欢与你合作。

●**诚信创造长远利益。**在销售行业有所建树的人，他们的销售手段各有不同，可是，从他们成功的案例不难看出，他们都是讲求诚信的人。他们从不轻易许诺，承诺了就一定会想办法兑现。这也是他们为什么不那么“努力”，业绩却遥遥领先的原因。

客户喜欢能帮自己解决问题的产品

开篇导读

生活中，我们常常会遇到这样或是那样的问题，有时一个人的力量有限，就非常希望能有人为自己提供帮助。对于那些能完善解决问题的人，我们时常会心存感激。

生活中，我们会结交各种各样的朋友，而真正交心的朋友都是那些在困难时伸出援助之手的。并非说，只有互帮互助的关系才能维持友谊，而是那些在关键时刻提供帮助的人，更值得交往。

情商课堂

在市场竞争下，销售工作越发难做，签一单生意可能要花费过去两倍的精力。众所周知，大多数的公司对推销员的要求并不高，这也造就了推销员素质的参差不齐。成功的的推销员不是没有，但有多少人能做到像美国著名推销员乔·吉拉德那般成功呢？

随着社会的发展，推销员的销售观念应有所改变。销售不再是单纯的卖产品，客户买就卖，客户不买也无所谓，这样的态度是永远也无法取得成功的。推销员应明白，现如今，客户真正需要的是什么，这样才能投其所好，达成交易。换句话说，如果你的产品能为客户提供帮助，完善解决客户的问题，那便能得到客户的喜欢，达到销售目标。

有人认为，推销员与客户之间本就是交易关系，我推销，你付钱，我收钱，这就是原始的销售流程，这种情况看似也没什么不妥，现在也有很多推销员就是这样做的。可是，这样的销售能维持多久？客户的忠诚度有多高？除非你碰到了目的性极强的客户，或刚好急需这款产品的人，否则，你是很难销售出产品的。

一位朋友开了一家化妆品店，某天，某品牌的推销员来推销化妆品。

朋友说："你的产品看起来挺不错，但我已经代理了其他品牌的产品。而且，这个品牌的产品不知好不好卖，如果卖不出去，那我不是要赔了？"

推销员显然是个新手，有些局促地说："不会的，不会的，我们的产品在市场上反响很好的，不会出现卖不出去的现象，之前几家代理商反馈都说产品卖得非常好。"

朋友说："他们卖得好不代表我就卖得好，万一……"

朋友又说了一些风险问题，推销员也只是一味地说，他们的产品有多好，而没站在朋友的角度去考虑问题。

如果推销员能提供一些建设性的意见或帮助，相信朋友肯定会购买的。如卖不出去的产品可以回收，保证客户不受损失。再比如请专业人士进店指导怎么铺货，怎么摆放等。只要你的产品不会威胁到客户的利益，且能创收利益，相信没有人会拒绝。

客户在购买产品时，其实也承担着一定的风险，没有人愿意花钱买一件没用或存在问题的产品。如果你为了自己的利益而在为客户推荐时专门挑提成高的产品，一旦客户有所察觉，便会毫不犹豫地选择其他推销员。

那些在销售行业取得成功的推销员，他们不仅仅是在推销产品，更是在为客户提供帮助。在面对客户时不会一味地吹嘘自己的产品，即便客户购买的数量不多，自己拿的提成不高，也不会有所不满。他们在为客户介绍产品时，着重点在于让客户觉得你是来为他解决问题的，帮助并引导客户找到解决问题的方法。

有一次去买手机，看了几款手机总是下不了决定。一位推销员走了过来，询问了我一些问题，便拿出某款手机，简单介绍了一下功能，然后说："刚才您说，你平时喜欢拍照，这款手机的像素是同类手机中最高的……内存也足够大，不会出现拍几张相片内存就满的情况……"听了推销员的话，我当即买了这款手机。

我为什么之前犹豫了那么久没买，很大一部分原因就是，之前的推销员只是一味地说自己的产品有多好多好，罗列了产品的很多优点，但没有问我真正需求的是什么。而这位推销员则真正解决了我的问题。

在为客户推销产品时，口头夸赞产品，并不会让客户产生好感。推销员可以根据产品的特点为客户提供几种方案，站在为客户解决问题的立场，这样才能获得客户的认可与喜欢。

内容精要

产品更新换代的速度让人应接不暇，面对琳琅满目的产品，你凭什么让客户心甘情愿地掏钱购买呢？现如今，客户的选择越来越多，要想得到客户的青睐，就要让客户感觉到你是在为他提供帮助，这比任何销售技巧都管用。

●**分析问题，解决问题**。现如今的销售是以客户为中心，只有满足客户的需求，才会有交易，而不是硬生生地将现有的产品介绍给客户。正因为人们有保鲜食物的需求，所以有了冰箱；夏天想享受凉爽的风，于是有了空调……所有的产品都应该是为客户的需求服务的，否则就没有其存在的价值了。高情商的推销员在为客户介绍产品时总是围绕着客户的需求，进而一击即中，当客户所期待的问题得到解决，还有不购买的理由吗？客户真正喜欢的是为自己量身订做，能完美解决自身问题的产品。

第三节课

管好情绪，天下没有难卖的东西

每一个优秀的推销员，都希望自己做的每件事情、说的每句话都能够起到充分的作用，而事实上，很多时候我们的行为、语言都被情绪所影响，不能发挥该有的效用，做了很多无用功。所以，管理好自己的情绪，做一个有情商的推销员，让你的工作更加高效。

第六章

卖产品，其实是在卖自己

客户也许只是因为“人”而去买

开篇导读

人与人之间的相处很奇妙，喜欢一个人或许只是因为对方身上的某个特性，或是能从对方身上找到自己的影子，亦或者只是觉得声音好听……那些具有吸引力的人身上总有某个点让人着迷。

不是有“爱屋及乌”这个词吗？因为喜欢这个人而喜欢他喜欢的东西。就好比看电影，我们常常会因为喜欢这个主演而喜欢这部电影。相反，也会因为不喜欢主演而放弃看这部电影。

这应该就是所谓的磁场吧。人有时候就是这么“任性”，一切凭感觉行事。高情商的推销员很懂得抓人心、抓感觉，让客户因为喜欢自己，进而喜欢产品。

情商课堂

推销员与客户的主要交集就是购买行为，客户购买产品的理由有很多，或许是产品质量好，也可能是产品符合自己的要求，但也有很多客户之所以选择购买是因为推销员本身的魅力。也就是认可了推销员，进而认可产品。

其实，这样的情况在销售中并不少见。这并不难理解，在与客户交流的过程中，那些表现大方得体、真诚友善、饱含激情的推销员总是能获得客户的喜欢，与其说在卖产品，不如说是在卖自己。

有这样一类推销员，客户买东西便笑容满面，如果客户犹犹豫豫，下不了决心购买，便心生不满。面对这样的推销员，客户怎么会有购买的心情？

很多时候，客户买与不买，全凭推销员。如果在沟通过程中，推销员获得了客户的认可，销售就会变得顺利很多。相反，如果客户对你这个人产生了怀疑，便会对你的产品产生质疑。兵法讲究攻心为上，攻城为下。在销售中亦如此，要想让客户购买，首先得收获客户的心，这样你的路才会越走越宽。

情商高的推销员都善于打理自己，每时每刻都以良好的形象示人，良好的精神面貌总是给客户留下深刻的印象。我曾见过一位推销员，他的产品在同类产品中并不占优势，但客户却很多。观其整个销售过程，发现客户都是被他身上的感染力所吸引。他对工作充满了激情，在给客户作介绍时，精神抖擞。眼中所闪烁的光芒让客户感受到了信任，深信他的产品能为自己带来不同的感受，这样的精神面貌比任何语言都管用。

客户喜欢你，才有可能去购买你的产品。否则任你口生莲花，将产品说得天上有地上无的，客户也不会购买。

因此，在客户没见到产品之前，你自己就是最好的名片。如何把自己推销给别人呢？这就需要我们站在对方的角度试问一下，如果你是自己的买主，你愿意购买吗？换言之，要想将自己推销出去，首先你要成为买主想要的样子，让对方认可你、喜欢你、尊重你。这样便会为卖产品打下基础。

内容精要

大多数的推销员不停地寻找技巧与方法来为自己争取利益，可是到头来，销售业绩依然不理想。其实，销售过程说复杂也简单，只要消除客户的戒心，走进客户心里，客户就会愿意接受你的产品。

●**用你的风度吸引客户**。一个人风度很难界定，但又是真实存在的。有这样一个词：风度翩翩。看到这样的人你的注意力是不是会被吸引？这样的人无需宣扬，人们便能感知到他的存在。很多高情商人士身上都有这样的特质，身上所散发出的强大气场，让人敬畏的同时，也让人不自觉地想要靠近。这类人，即便遇到不开心的事也能保持微笑，不会因为任何事而抱怨。风度让他们极具感染力，要记住，让客户下决心购买的首先是你这个人，其次才是你的产品。

自信的人，很难被拒绝

开篇导读

生活中，那些自信的人总是神采飞扬，他们不张扬，但骨子里散发出来的自信，让他们总是最吸引人的那个。

自信的人，首先要喜欢自己，这样才能获得别人的喜欢；自信的人，在任何境况下都对自己充满信心，这样别人才会对自己有信心。这不是孤芳自赏，不是自负，是内心的自我肯定。自信可以从一个人的眼神、步履、声音、语调中显现出来，这种人是极具吸引力的。

那些成功者无一不是自信之人，他们相信自己正在做的事，相信自己的选择，于是，会全力以赴，直至成功。自信赋予他们力量，在任何时候都不会放弃，而这样的自信也让他们很难被人拒绝，由此，他们也比别人多了几分成功的机会。

因此，要想成为一个卓越的人，自信是必须具备的品质。

情商课堂»

在销售行业，一个推销员的自信对销售结果起着决定性的作用，学习再多的销售技巧，掌握再多的谈判理论，如果不够自信，即便你说的都是真的，你所说的话也很难让人信服。因此，在任何情况下，都要让自己看起来是自信的。

有这样一类推销员，他们明明准备得很充分，可是，面对客户，尤其是决策型客户时，他们就开始紧张，一紧张思路就会不清晰，说话结巴，给人一种吞吞吐吐，似有隐瞒的感觉。

有一次，我去购买某件商品，刚开始，推销员按照流程给我介绍产品信息，听完后，我问了一些问题，可是，推销员的回答让我很不满意。他只是不断重复已经介绍过的信息，或者干脆说："这个我还不太清楚。"问得多了，他便开始语无伦次："这个……嗯……是这样的……就是……"声音越说越小，估计他自己都不知道自己说了什么，要表达什么。

这种情况并不少见，无论对推销员还是消费者而言，这都是不愉快的回忆。推销员不够自信，就会给客户一种唯唯诺诺的感觉，很难让人信服。观察那些成功的推销员，他们都有自己的一套销售手法，各有千秋，但他们有一种共同的特点，那便是自信。自信是成功的基础。他们无论面对何种层次的顾客都能以一种不卑不亢的态度去面对，这使他们很难被拒绝。

自信的推销员首先是喜欢自己的，相信自己所属公司及产品，在推销过程中抱有极大的热情。既不会用乞求的语气，通过降价的方式来寻求成交，也不会高高在上，以一种“我是独家，要买只能是这个价”的姿态面对客户。当然，更不会将客户当成待宰羔羊，浑身散发着“利益”。他们坚持原则，做自己认为对的事情。自信是成为优秀推销员的第一步，相信自己才能将产品卖出去。要明白，没有卖不出去的产品，只有不会卖产品的推销员。

内容精要

罗曼·罗兰说：“先相信自己，然后别人才会相信你。”事实确实如此，一个连自己都不相信的人，别人又怎么会相信你呢？就销售而言，信任关系的建立离不开自信，只有自信的人说出的话才容易让人信服，自信可以使平凡的人做出伟大的事业。正所谓：天生我材必有用。自信有化平庸为神奇的力量，丢掉什么都别丢掉自信，它可以让你即便身处谷底也能爬上山顶。

●**自信改变销售状态**。自信是一个人的内在驱动力，可以给予一个人强大的力量。那些销售界的王者，他们无一不是自信满满之人，即便所处行业不是自己所学专业，也非自己擅长的，但是那股自信让他们取得了成功。全力以赴的态度，敢于将缺点暴露于前，不介意失败……如此种种，使自己进入了一个良好的销售状态，相信自己行，那便一定行。

●**销售状态决定成败**。在销售行业，推销员的状态非常重要，状态不好，产品再好也卖不出去。一个人在做一件事时，如果自己都没有信心，又如何让别人对你有信心呢？有些推销员能在第一时间获得客户的肯定，他们从不担心自己的业绩，客户的赞许及认可就是业绩最好的证明。而有些推销员每天挖空心思想着如何讨好客户，卑躬屈膝，害怕出错，这样的态度反而让客户反感。缺乏自信，让他们得不到客户的认可，进而失去了销售机会。

不断创新，给客户新鲜感

开篇导读

很小的时候，我们就听过一则故事——司马光砸缸。小时候完全是当作一则故事来听，只知道司马光是个聪明的孩子。现如今想来，其中的道理深远。很多人都会想如何从缸里将小孩捞出来。但耗时太长，小孩会有危险。司马光正是打破那个思维定式的人，他将缸砸破了，水流干了，孩子得救了。

大多数人的思维都有一定的惯性，遇到事情，总是选择自己熟悉的方式方法去解决。即便脑子灵光一现，有更好的主意，也不愿或是不敢尝试。时间证明，过于保守，只会被时代所淘汰。

固步自封，从某种意义上来讲，就是思维产生了惰性，过于依赖现有的规则。他们觉得那些“条条框框”可以让自己更安全，殊不知这些规则已让自己脱离了时代。

反观那些“叛逆者”，他们敢于创新，时刻保持新鲜感，在复杂、多变的世界开创了属于自己的新天地。

情商课堂»

很多人之所以从事销售工作，是因为觉得销售工作要求不高，只要按照一定的模式便能将销售做好。结果呢？注定是失败。在现有模式的束缚下，他们没有勇气与力量去改变、去挣脱，时常会听到他们说："这样做风险太大了。"然后继续找"经验"，按照经验行事。这样做可能不会出现大的错误，但也无法取得成功。

人生与风险并存，只有敢于冒险的人才能在这个时代崭露头脚，时代在进步，人的思维只有跟上时代才能在这个瞬息万变的世界有立足之地，尤其作为推销员，只有创新，才是唯一的出路，才能开辟销售的新天地。天才与普通人之间最大的差别就是创新思维，而这种思维是可以通过后天的努力来培养的。

有些人被誉为"天才推销员"，在他人眼里，这类人似乎不费吹灰之力就能说服客户，完成签单。而有些人在销售圈摸爬滚打数年，依然是个业绩刚刚及格的推销员。原因为何？

在推销界有这样一个经典案例：

有一个鱼塘新开张，钓费100块。老板说没钓到就送一只鸡，很多人都去了，回来时每人拎着一只鸡，……后来钓鱼场看门大爷说老板本来就是个养鸡专业户，这鱼塘就没鱼。

后来，另一鱼塘也开张了，钓鱼免费，但钓上的鱼要15块一斤买走。许多人去了，奇怪，不管会不会钓鱼的都能一天钓几十条鱼。个个都觉得自己是钓鱼大师……后来钓鱼场看门大爷说老板的鱼是批发市场3块钱一斤买来的。派了他儿子潜在水下一条一条的挂在他们的鱼钩上。

第三个鱼塘又开张了，受启发，这鱼塘实行撒网捕鱼模式，让顾客穿上蓑衣，戴上斗笠，乘上小舟，扮成渔夫模样，体验农耕文化。鱼塘专门负责派人拍照美图，给顾客发微信朋友圈，提升顾客逼格。最后网到的鱼只要10块一斤，买走就可以了。许多人高兴地去了，不到十分钟几网下去好几十斤鱼，鱼塘老板日销售量从以前的500斤上升到10000斤，而且时间周期大大缩短，顾客游乐有了体验，批发市场去了库存。

第四个鱼塘又开张了，受前面三个开张鱼塘的启发，这鱼塘钓鱼免费，钓上的鱼也可免费拿走。许多人高兴地去了，奇怪，居然很多人钓到了美人鱼，然后钓鱼的和美人鱼坐在餐桌椅上共进午餐，享用红酒及牛排，观赏歌舞……看鱼塘的老大爷说，其实美人鱼是外国演员。

第五个鱼塘开张当天，媒体广泛报道，很多大碗级的大师和企业家都纷纷去取经求道，鱼塘老板招架不住啦，最后只得交代：原来看门大爷才是鱼塘幕后的大股东，主导了每次变革转型的成功，老大爷在接受记者访谈时饱含眼泪哽咽着说：我以前只是个企业中层，能有今天成就，来源就是不断的学习！这叫：“知识改变命运，思路决定出路”！

其实像这个案例中所呈现的，对于推销员而言，推销的方法从来就不是只有一种。高情商的推销员总能用敏锐的感知能力，去开创出自己的一条路。

鲁迅说：“世上本无路，走的人多了，便变成了路。”在大多数人的思维里，随着前人的脚步走更安全，稍微出点偏颇，面临的可能就是看不见危险的沼泽地。可是，他们却没想过，偏颇之下也有可能是康庄大道。挑战规则，不断创新，用新鲜感来吸引更多的客户。

内容精要

爱因斯坦说：“若无某种大胆放肆的猜想，一般是不可能有知识的进展的。”相较于知识而言，一个人的想象力更为重要。那些成功的推销员都有敢为人先的精神，因此，他们的销售套路在不断变化，保持一种与众不同的感觉，敢于尝试让他们在市场上的竞争力越来越强。

●**创新推动进步**。任何行业离开了创新都无法进步，正因为那些优秀的人，敢于打破固有模式，开辟新市场，才能比一般人更成功。随着竞争压力的增加，人要学着从不同角度去思考问题，这样才能保证思维的活跃，提升进步的空间。

●**明确目标，激发潜能**。很多推销员放低姿态去说服客户，可是，客户依然无动于衷。很大一部分原因在于，他们将自己定位为一名普通的推销员，任务就是卖产品，于是，他们漫无目的地重复着相同的事情。反观另一类推销员，他们有着清晰的目标，正因为如此，他们有了更多的创意，了解客户的需求，大的格局让销售变得更简单。换言之，只有让自己变得更优秀，客户才会注意到你。只有让自己更专业，才能更好地为客户服务。

不断学习，提升自己

开篇导读

相传古时，知了并不会飞。它羡慕大雁可以翱翔于天际，于是，就恳请大雁教它如何飞起来。大雁爽快地答应了。

学习飞行并没有知了想象中那么轻松，知了在学习过程中总想偷懒，它不是爬来爬去，就是东瞧瞧西望望，非常不认真。面对大雁苦口婆心的劝说，它不耐烦地说："知了，知了……"大雁刚教了它一点本领，它只是试了几下，便自满地说："知了，知了……"春去秋来，大雁成群结队飞往南方。知了望着展翅高飞的大雁，非常想与它们一起去，可是，它扑腾了几下，最终也没有飞多远。它后悔自己当初没有好好学习，但为时已晚，只能叹息一声："知了，知了。"

生活中，像知了一样觉得学习枯燥、艰苦的人不在少数，骄傲、自满的人也有。最终结果就是一事无成，只能望洋兴叹。

纵观那些成功者，无一不是爱学习之人，在不断地学习中，提升自我，正所谓：学无止境。

社会竞争愈发激烈，即便是已经事业有成的人也不敢放松学习，他们知道，要想在社会立足，并保持领先地位，唯有继续学习。

情商课堂

孔子曰："三人行必有我师。"作为一名优秀的推销员，只有不断学习，才能提升自己的竞争力。你不学习，就无法提高，不进步，就等于落后。择其善者而从之，其不善者而改之。人生本来就是不断学习、不断进步的过程。很多人在成长道路上，虽没有过人的智慧，却能成为行业中的佼佼者。原因就是，他们善于发现别人身上的闪光点，进而结合自身加以改进，久而久之，便成为了优秀的人。

作为推销员也应该成为这样的人，努力去学习，将学习作为一种生活方式，融入日常，你会发现，自己一直在变好的路上。

很多人觉得销售越来越难做，这是因为他们缺乏对学习的投入，将学习看作是一件事情，而非过程。有这样一类推销员，工作两三年，便觉得自己经验丰富，对新手指手画脚，让其参加培训却说："还培训什么，说来说去就那点东西，我都能倒背如流了。"于是，找借口不参加，即便参加了，也不会认真对待。久而久之，爱学习的新手，业绩遥遥领先。他们除了一声叹息外，还要争所谓的面子："瞧，这是我带出来的推销员。"

常常会听到一些推销员说，"我也想学习，可太忙了，根本没时间静下来好好学习。""学习有什么用？完成销售额才是当务之急。""还要学习什么？我能保证每个月的销售业绩就行了。"在这样的心态下，很多推销员开始起早贪黑跑业务，进而忽视了学习与提升，最终淹没在销售大军中。而有一类推销员，即便再忙每天也会挤出时间来为自己"充电"，他们历经风雨，最终取得了成功。

我认识一位推销员，特别爱看书，不仅限于销售方面的书籍，对于《易经》《大学》之类的书，他也有所研究。他跟我讲，他曾去拜访一位客户，刚好看到客户桌子上放着一本《大学》，他顺嘴问了一下，然后两人就《大学》展开了话题，颇有一种相见恨晚的感觉，结果可想而知，推销员很顺利地拿到了合同。

推销员要学习，当然，也并不是要求每个推销员都通读《大学》，这只是一个个案。在这里，我想说的是，读闲书对于推销员有着一定的启发作用，而营销方面的书则直接服务于销售。归根结底，学习的目的就是要灵活运用，这样才能提升。

时代日新月异，要想立足，就需不断学习。可是，很多推销员拒绝学习新的销售方法，尤其是那些有过成功经验的推销员，在他们看来，自己的知识已经足以支撑销售中所面临的任何问题。然而，事实告诉我们，不懂得学习的推销员总会落后于爱学习的推销员，最主要的原因就是没有与时俱进，在消耗知识的同时，没有补充新的知识。

对于销售而言，每个阶段都需要补充新的技巧与方法，学习将会是推销员最大的竞争优势，或许你现在不够优秀，业绩不够突出，但只要有学习的心态，终有一天会取得成功。

内容精要

哈里·杜鲁门说：“不是所有的读者都是领导者，但是所有的领导者都是读者。”一个爱学习、与时俱进的人，无论从事什么工作，都能很快适应。有些推销员之所以在销售行业无所建树，很大一部分原因就在于没有跟上时代。随着经济与社会的发展，竞争越发激烈，顾客也变得更加理性，更加难以说服。如果不能与时俱进，就算过去再辉煌也终会被淘汰。这个时代充满了变数，你不知道明天会发生什么，遇到哪些人、哪些事，如果不努力学习，提升自己，你用什么来面对这些变化？如何去抓住机会？又怎么去说服顾客？

●**学习成就最好的自己。**一个推销员要想成功，就要具备超强的学习能力，学习可以成就最好的自己。你所面对的人来自于不同的行业、年龄、职业……要想让沟通变得顺畅，就要拥有丰富的学识，而这离不开学习。但凡成功者都有一颗学习的心，随时随地，以学习者的姿态来面对所有的人与事，继而变得更加优秀。

●**学习改变销售命运。**学以致用，遇到事情就会简而化之。有些推销员费尽口舌，却无法说服客户，客户说到某个话题，也因为知识的匮乏而接不上话，使销售受阻。而有些推销员则用自己所学到的知识，很快打开话题，创造机会。

真诚的态度，客户更喜欢

开篇导读

生活中，每个人都喜欢与真诚的人交往，真诚犹如阳光般，让人感到温暖。

真诚是一个人最基本的品质。我们常说："生活如一面镜子，你怎么对它，它就怎么对你。"其实交往亦如是，你待朋友不真诚，朋友又怎会真诚对待你呢？

为什么有的人身边围绕着的都是肝胆相照的朋友，一呼百应。为什么有的人需要帮助了，身边一个朋友也找不到，叫天不应。

这就是真诚的力量。真诚的态度，会扯掉面具下的疲惫，让沟通更直接、更畅通。用真诚搭建起来的情谊更长久、更坚固。

情商课堂»

在大多数人的印象中，推销员是与能言善辩论、能说会道划上等号的。相信很多人都还记得《卖拐》这个小品，在举国欢庆的春节确实给我们带来了不少欢乐，同时我又想到了一个问题，这样的销售是否存在于真实的生活中。

都说艺术来源于生活，那么，我想生活中肯定或多或少存在这样的现象。“忽悠”完客户，转头说这个客户真傻。

一次回老家，听镇上的婆婆们在拉家常，其话题围绕着邻村的一次销售活动。说那个村上个月来了一个推销员，是卖保健品的，把产品说得神乎其神，利用人们追求健康的心理，运用心理暗示所产生的效应，还有附赠礼品所产生的占便宜心理，将产品卖出去了一大半。产品价格倒是不贵，只是，有哪种保健品吃一次就能治百病的？

这件事一传十，十传百，周围乡镇都知道了，当再有来销售保健品的人，乡镇看热闹的人多，买的人却几乎没有。

靠夸大其词来吸引顾客，靠忽悠来留住客户，不但留不住客户，相反，还会失去更多客户。将梳子卖给和尚不是不可行，而是不能虚构、欺骗。比如，可以说梳子有保健头皮的效果、梳子可以做成礼品送人……守住身为推销员的底线，真诚以待，才能在保证销售业绩的情况下，让客户更喜欢自己。

有些推销员将所有的精力都用在了寻找能让自己一飞冲天的销售技巧上，殊不知，最好的销售技巧就是真诚。有些推销员之所以失败，很大一部分原因在于说话过于浮夸，为了让客户购买，满嘴跑火车，什么话好听说什么话，这就会给客户造成“你在忽悠我”的感觉。

什么样的推销员能得到客户的青睐？在客户眼里，那些即便不善言谈，专业技能欠佳，但态度真诚的推销员，也依然很受欢迎。巧诈不如拙成，用欺骗换来的蝇头小利，能获得一时的开心，但非长久之计，谎言终是谎言，当被拆穿时，你失去的不仅仅是一份工作，还有别人对你的信任。

真诚的态度是推销员的制胜法宝，客户不是傻子，不要聪明反被聪明误，小聪明或许能让你一时获利，但也仅仅是一时。放下虚伪的面具，坦诚相对，才能获得客户的认可。我曾遇到过一位推销员，我本来要购买某产品的，推销员说："这件产品不是特别适合您，您要是不着急，信得过我的话，两天后再来。我有一批产品两天后到，其中有一款特别适合您。"他的真诚让我很感动，最终听从建议，两天后再次过去，购买了产品，之后还介绍了很多朋友去那家店铺。

真诚地为客户服务，或许当时会损失一点利益，但之后的收益是巨大的。客户每天面对的销售信息有很多，他们不愿花更多的时间去判断那些信息是否准确，如果推销员的态度不够真诚，无法建立信任感，那么，客户便不会轻易冒险。对于推销员而言，只有发自内心地尊重客户，真诚相待，才能与客户建立良好的人际关系。

内容精要

弗兰克·贝特格说："如果你为人真诚，就能通过很多途径和人们建立信任。"推销员与客户之间只有建立起信任，才能使销售气氛达到和谐。如何建立信任？就是无需伪装地交流，那些情商高的推销员从不会用虚情假意来蒙骗顾客，他们将真诚作为最大的砝码，为自己赢得客户的喜欢，进而创造惊人的业绩。

真诚无法伪装，在这个世界上，最好的推销员无一不是真诚之人，他们都是真心诚意地想要帮助客户，以客户利益为先。

●**真诚比技巧重要。**有人说，要想将产品卖出去，就要讲究技巧，研究客户的心理，对症下药，便能药到病除。的确，技巧性的知识可以助你更了解客户，可是，如果没有真诚的态度，客户依然不会买账。没有人喜欢与带着面具的人交往，真诚才是打开客户心门的钥匙。

●**真诚创造利益。**真诚是每个推销员都必需具备的品质，但凡成功的推销员，即便不会侃侃而谈，也拥有一颗真诚的心。他们时刻以客户利益为先，考虑的是长远的利益，而非眼前的蝇头小利。

第七章

成交时不狂，遭拒时能扛

困难挫折，告诉自己我能行

开篇导读

人生在世，世事无常，没有谁能预知未来，每个人的明天都是靠今天努力挣来的。如果不努力，如果提前放弃，那么，明天不过是今天的重复，人生还有何意义?

没有人不渴望成功，而成功的道路上总是荆棘丛生，有的人不畏艰难走了过去，并非命运眷顾，而是身上的某种特质让他们不放弃，这种人的人生注定卓尔不凡。而有的人遇到挫折不是停滞不前，就是转身寻找轻松的一条路，这种人的人生注定平庸。

这是个优胜劣汰的时代，一遇到挫折便畏缩，终有一天会被时代淘汰。挫折即是挑战，勇敢面对挫折，在失败中总结经验，终有一天会取得成功。

情商课堂》

人生没有绝对的绝境，有时你认为的绝境说不定是机遇前的迷雾，要相信终有柳暗花明的一天。销售行业并没有想象中的那么轻松，作为推销员，每天需要处理各种各样的问题，尤其是新人，遇到挫折是不可避免的，这也是

每个推销员都会经历的。如何走过销售的严冬，就要看推销员如何调节自己的情绪。

常听到有推销员这样说："我不能与客户很好的沟通。""我不能与同事好好相处。""我不能……"当你有能力改变某件事情，却没有采取行动，那么并不是你"不能"，而是"不想"。

作为推销员，可能常常会听到客户说："我暂时不需要这个产品。""你的产品比别家的贵好多，我为什么要买你的？"还有的推销员拜访了几次都连客户的面都难以见到……面对这些问题，有的推销员选择了放弃，另觅客户，而有的推销员选择了坚持，最终打动客户，交易成功。

通常情况下，很少有推销员第一次约见客户就达成交易的，大多数的客户面对陌生的推销员都会保持一定的戒备心，所以，第一次约见，客户不是敷衍了事就是直截了当地拒绝。这样的情况，任谁都有挫败感。如果是你，接下来会选择怎么做？

我认识一位推销员，他渴望成功，也制订了很多计划、目标，可是，执行力不足，做事总是三分钟热度。他信心满满地约见一位潜在客户，第一次见面，客户态度不是很好，他觉得很不舒服。第二次见面，客户依然态度冷漠，他心灰意冷，觉得这个客户恐怕是拿不下了，于是，放弃了。就这样，在一次次的放弃中，他在销售行业的成绩一直不如人意。

销售行业本来就是机遇流失最快的行业，一旦错失了，便难以再有机会。对于推销员来讲，态度不同，你的人生也会大大不同。当你有意识开始改变自己的态度时，你的人生就会慢慢发生变化。比如，你友善对待别人，就会觉得身边的人都变得亲切了。遇到困难，积极应对，想办法去克服困难，就会发现这些困难并不算什么，甚至有意外收获。

销售工作充满了无限可能与挑战性，作为推销员，如果无法调整自己的情绪，那么是很难胜任这份工作的。在面对失败时，你要学会告诉自己：我能行！为自己注入力量，改变心态，便有可能取得成功。

内容精要

人生犹如汪洋大海，波涛汹涌下才能锻炼出最精悍的水手。销售亦如此，只有意志坚强的人，面对挫折才能勇往直前，直至成功。

●**挫折积累经验**。人生不可能是一帆风顺的，也就是说，躲过了这次挫折，前面可能有更大的困难在等着你。既然如此，就要正确对待挫折，将挫折当成人生路上的跳板，从中总结经验，那么，下次遇到类似的事情，便能得心应手。成功者之所以成功，就是因为他们有着极强的抗挫折能力，在困难挫折面前，从不低头，而是告诉自己："我能行！"结果，真的越来越成功。

●**越挫应越勇**。销售行业每天应对的人与事都不同，要想在销售行业立足，首先要学会面对挫折，有越挫越勇的心态。与其羡慕别人遥不可及的业绩，不如好好找找自身的原因，调整好心态，迎接挑战。

销售低潮，保持积极的工作热情

开篇导读

生活中，有多少人能对一件事情保有持久的热情？大多数人在做某一件事时，最初激情澎湃，可是，随着时间的推移，那股热度便会渐渐退去，热情度便大打折扣。这就好比小孩子得到了某件心爱的玩具，第一天，玩具不离手，吃饭、睡觉也要抱着。第二天，吃饭、睡觉可以将玩具放下了。第三天、第四天……想起玩具的时间越来越少，直至玩具被扔在角落，不再想起。

很多人做事都是如此，三分钟热度。一旦热度退却，便失去了积极性，出现消极情绪。但有一类人不会，那些成功、优秀的人，他们总是怀着热忱的心去选择自己所喜爱的事物，以极大的热情投入其中，这种热忱会持续很久，即便处于人生低潮，也没有放弃这种热情。

任何事都有沉浮起落，在低潮时，保持积极乐观的心态，你会发现，任何事情都是相互的。你热爱他，他也回报给你喜爱。

情商课堂»

在销售行业，哪怕是最优秀的推销员也不可能一直保持高水准，他们也会遇到低潮期，遇到连续一个月、两个月，甚至是半年持续业绩滑落的情况。销售低潮对于任何推销员来说都具有很强的杀伤力，这一时期，大多数人会变得精神不振，甚至怀疑自己的职业。

每个进入销售行业的人都有自己的理由，有的是冲着销售行业的高回报，有的是觉得做销售时间自由些，有的则是觉得销售发展空间大……有多少人是因为真正的喜欢、热爱销售而选择这份职业的？

现如今，从事销售行业的人，大多数都是为了利益。如果利益受损或利益微小，那他们便会毫不犹豫选择其他职业。卓越的推销员会用极大的热情来工作，客户很容易就能感受到这份热情。而一般的推销员则想的是如何让自己获取更大的利益。不能否认，工作就是为了赚钱，但这不应该是工作的前提条件。换句话说，要先热爱自己的工作，其次才想着赚钱。

但是，大多数的推销员恰恰相反，这就导致了他们在工作时渐渐失去了热情，而对于推销员而言，工作热情又是十分重要的。一名推销员如果失去了对工作的热情，在面对客户时，就会变得无精打采。

我有一位从事销售工作的朋友，口齿伶俐，用身边其他朋友的话说，不做销售可惜了。他也觉得销售更能锻炼人，于是，加入了销售大军。刚开始，身边的亲戚、朋友都来为他捧场，他也的确靠着三寸不烂之舌为自己争取了不少业务。慢慢地，他发现业务越来越难做，亲戚、朋友已经跑遍了，外出跑业务，常常会受到客户的刁难。做销售的那股新鲜劲过了，面对客户时的热情也失去了。就这样，每个月需要完成的销售额，他有些力不从心了。工作两年，便辞职了。

像这样的推销员并不在少数，任何行业，待得时间久了，多多少少会产生懈怠的情绪，没有了最初的激情。作为推销员，应该要明白，热情的力量甚至比任何技巧性的东西都要大，你的热情会感染客户。失去了热情的推销员，无论你技巧学得再精，也发挥不出来。

举个很简单的例子：作为推销员，你是在签单之后感到兴奋？还是一开始就感到兴奋？签单之后感到兴奋、高兴是理所应当的，这种情绪也很容易产生。可是，如果你的目标是成为卓越的推销员，那么，你就要明白一个道理，对于工作的热情不应该是交易的结果，而是交易成功的原因。

高情商的推销员在准备面对客户时，会让自己充满激情，用由内而外散发出来的热情感染客户。销售工作不能仅凭一腔热血，而是需要持久的热情。面对客户的拒绝、刁难，依然保持十足的自信心。在销售中，最打动人的就是发自内心的热情，无论你销售的是国际大品牌，还是小商小贩，热情都能助你取得好的业绩。

内容精要

马云说："短暂的激情是不值钱的，只有持久的激情才是赚钱的。"作为推销员，要想依赖销售成就人生，就要对工作保有积极的热情，让这种情绪不受影响。坚持、再坚持，便能取得成功。

●**摆正态度，正确对待消极情绪。**人生就好比爬山，最初热情满满，有着极大的激情。有的人爬到顶端后，就开始不知所措，变得迷茫。而有的人则会为自己设定新的目标，当动力有了，自然能够保持积极的工作热情。

●**热情提升销售业绩。**所有的推销员都希望做出成绩，用什么样的方法可以取得成功呢？那便是保持积极的工作热情。有的推销员，入行数十年，面对工作，依然充满热情，即便偶有业绩下滑的情况，也能很快调整自己的情绪，继续出发，所以他们成功了。而有些推销员刚入行，便因为一点困难而打退堂鼓，所以整个销售生涯都是低潮期。

嫉妒情绪，做好自己并超越自己

开篇导读

朋友圈的盛行，让人们随时随地都能了解到朋友的“日常”。在这里，我想问一下，你是以怎么一种心态来看朋友的朋友圈的?

看到朋友“丰富多彩”的生活你作何感想?朋友隔三差五就晒出旅游照，你是否会羡慕?朋友展示节日收到的礼物，再对比自己的毫无收获，你是否会因此对另一半发脾气?

相信这样的情绪很多人都有过，这便是嫉妒。

嫉妒让很多人认不清自己，活在别人的影子里，以别人为参照物。别人喜，自己则悲；别人悲，自己则喜。这种情绪会让你失去很多，生活变得混乱。

很多人会仰望成功，却从未想过别人为什么能获得成功。但凡成功者，从不会嫉妒他人的成就，而是做好自己，进而超越自己，超越他人。

一个人，要想取得成功，首先就要消除嫉妒心理，用平和的心态面对他人的成就，这样才能遇到更好的自己。

情商课堂

销售行业，失败者比比皆是。当一个人总是盯着别人的成功，自己却不努力，甚至恶意诅咒时，那么，机会再多，他也与成功无缘。别人做得再好、再成功，也不可能成为自己的，但这并不代表你无法成功，要相信，你也可以通过自己的努力来获取成功。

无法控制自己嫉妒情绪的推销员，当别人受到嘉奖，获得肯定时，他就感到很痛苦；当别人受到批评，遭到处罚时，他就感到开心。所以，他们无时无刻都活在痛苦里，无力自救。

有一位推销员对我说："公司有位同事，业绩月月稳居榜首，看着业绩榜，我心里越来越不平衡，我付出的不比他少，为什么业绩总是上不去？而他只是随便一通电话，就能谈下一笔生意？眼看到月底了，他的业绩还在上升，这让我更加惶恐。有一天中午，同事们都去吃饭了，我一个人在办公室里。那位同事的内线电话响了，我接起了电话。打电话的是同事的一位客户，通知他第二天去谈合约的事。可能小小的坏心思作祟，我承诺那位客户会通知同事的。可是，我转身便'忘了'。结果可想而知，同事失约了，也失去了一单生意。那一刻，我心里无比舒畅。虽然这丝毫没有影响他榜首的位置，但领导的批评，客户的误解，同事的郁闷，都让我暗自窃喜……本以为这种开心会一直持续，事实上，当看到第二个月同事依然位居榜首时，我的心情比之前更加痛苦了……"

听着这位推销员的话，我知道，他的销售之路不会太长，即便不转行，也难有大作为。作为推销员，如果总是对他人的优点视而不见，拒绝向他人学习，是无法进步的。你可以观察那些优秀的推销员，他们对自我要求很高，不会把时间浪费在“嫉妒”这种无意义的事情上。

我见过一类推销员，他们能很好的控制自己的情绪，对于比自己优秀的人，他们从不会摆高姿态来掩盖自己的嫉妒，而是用虚心的态度求教，从中汲取经验，一步步走向成功。他们也会羡慕，但不会让这种羡慕化为嫉妒，不会在背后诋毁别人，不会恶意中伤别人。

嫉妒会让一个人失去自我，烦恼多多。嫉妒之下会产生两种情绪，要么自我放弃，认为技不如人，再努力也达不到别人的高度。要么诋毁别人，以此来求得心理安慰。在这两种情绪的扰乱下，如何成功？

面对别人的成功，何不真心诚意送上一句“恭喜”？不要习惯性去与别人作比较，尝试着将今天的你与昨天的你来比较，一点点小进步都值得开心，这样你才能在人生路上不断成长、前进。

内容精要

有这样一句话：“临渊羡鱼，不如退而结网。”做好自己才是最重要的。其实，每个人都会产生嫉妒的感觉，最重要的是看你如何处理。如果这种感觉能促使你进步，那是最好的，嫉妒便不会产生危害。相反，因嫉妒而产生有意无意的伤害行为，那会让一个人变得焦虑，变得愤怒，进而产生更多不良影响。因此，不要刻意压制嫉妒，而要正确排解，将嫉妒转化成正能量，专心做自己即可。

●**消除嫉妒，做好自己。**大多数的人都喜欢与别人作比较，在比较的过程中，渐渐迷失。而那些成功者，坚持做自己，即便成功的例子就在眼前，他们只会借鉴，不会盲从，最终用自己的力量战胜一切。这类人拥有很高的情商，不会因别人而影响自己前进的步调，他们做任何事都有一定的计划，用自己的方式去成就最好的自己。

●**追求卓越，超越自己。**人生最大的敌人其实是自己，只有不努力的人，没有无法成功的人。在销售行业，成功的例子不在少数，为什么别人能成功，而你只能仰望别人的成功？关键在于，别人在乎的是自己，而你的眼里只有别人的成功。当你嫉妒别人的成功时，别人正在奋斗的路上，当你感慨别人能拿到经理级别的薪酬时，别人已经制定了更高的目标。这就是区别。成功者在不断地超越自己，在追求卓越的路上乐此不疲。

猜疑情绪，放下无端的猜想

开篇导读

在生活中，我们常常会遇到这样一种人，他们在判断一件事的时候，总是凭自己的主观想象，或是捕风捉影，继而去猜测对方是怎么想的，为什么这么做。戒心由此升起，不是怀疑这，就是怀疑那，与别人产生心理隔阂，使沟通受阻。

观察那些拥有积极心态的人，他们从不会无中生有，即便别人议论的对象是自己，也是一笑了之，去做更重要的事。而整天疑神疑鬼的人，看到别人说话时，不经意看了自己一眼，便会一整天都在想：他为什么看我？是什么意思？结果只能是徒增烦恼，害人也害己。

在人际交往中，猜疑心会使彼此产生不信任感，如果不加以克制，就会严重影响人际关系。

情商课堂

在销售行业，每天要接触很多人，有些推销员喜欢带着有色眼镜去识人，对于别人正常的言行妄加猜测。面对客户中肯的评价或某种态度，心生疑虑，进而影响自己的

判断，让事情变得复杂。

有这样一类推销员，在面对客户时，总喜欢用不信任的目光去审视对方。从客户的衣着、言行去判断其购买力，如果衣服价值不菲就态度和善，如果扮相不太好看，便会态度冷淡。再比如，客户声音稍大一点，便给客户贴上不友善的标签，认为这个客户很难相处。要想成为一名合格的推销员，这些无端的猜测都不能有。面对客户，心生猜忌，即便表面没有表现出来，但心里的感觉是骗不了人的。你的不耐烦会通过很多种方式表现出来，而这些客户是感觉得到的。

记得有一次我去买相机，因为是周末，穿的比较随意。我走进一家品牌店，营业员走了过来，例行询问，我说我随便看看。在这个过程中，营业员悄悄打量着我，可能在衡量我是否会真的购买。

我对一款相机产生了兴趣，就对营业员说，想看看这款相机。营业员表现得不太情愿，他说："这是我们店里上的新款，价格是××元，您确定要看吗？"听了营业员的话，我抬头看着他说："你先让我看看，买不买得看了再说。"营业员嘴巴一瞥，弯身将相机拿了出来。我左看看，右瞧瞧，放下相机进了对面一家品牌店。出来时，手上多了一台相机。

作为推销员，无端的猜疑，不仅会让客户觉得不舒服，还会使产品卖不出去。在销售过程中，推销员的情绪非常重要，直接影响客户对你的看法。销售行业，最忌讳用自己的思维去猜测别人的想法，主观臆断的结果就是使人际关系变得紧张，多一分猜疑，人际交往就少了一分真诚。

还有一类推销员之所以产生猜疑情绪，是因为过于在乎别人对自己的评价，别人不经意的一句话就有可能对他们造成伤害，这样的情绪让他们无法放开手脚，进而失去来之不易的机会。

内容精要

培根说："心思中的猜疑有如鸟中的蝙蝠，它们永远是在黄昏里飞的……这种心理使人精神迷惘，疏远朋友，而且也扰乱事物，使之不能顺利有恒。"猜疑心理会对生活及工作造成不良影响，如果不加以调节，情绪就很容易受他人影响，进而使产品难以卖出去。

●**去除猜疑，放下芥蒂。**情商高的推销员懂得用理性去处理事情，当意识到自己正在猜疑时，就会马上提醒自己，不要想多了。面对别人的不友善或是窃窃私语，他们不会过于纠结，更不会让自己陷入猜疑之中。

●**保持冷静，做好自己。**推销员能否与客户相处愉快，很大程度上取决于推销员的情绪。人与人之间的相处难免会产生误会，别人并没有义务必须要迁就你。因此，在与人相处过程中，做好自己最重要。有些推销员无论面对什么样的客户都能做到大方自信，面对客户的故意刁难，也能应对自如，因此，他们从来不用担心业绩。而有些推销员，则过于敏感，有一种草木皆兵的感觉，虽然某一时刻，敏锐帮助他们捕捉到一些有价值的信息，但更多的是让他们陷入猜疑之中无法自拔，进而影响与客户之间的关系。

急躁情绪，慢下来，会更好

开篇导读

生活中，每个人都有每个人的脾气秉性，同样一件事，不同性格的人会有不同的反应。有的人脾气平和，遇事总是不紧不慢；有的人则过于急躁，遇事总是沉不住气，缺乏耐心。

过于急躁是一种不良的情绪反应，正如萨迪所说："事业常成于坚忍，毁于急躁。"事实证明，确实如此，过于急躁的人遇到事情总是无法静下心来思考，不能从客观的角度分析问题，很容易被一些表象所影响。当一个人无法冷静处理问题时，其结果也是无法令人满意的。正所谓：欲速则不达。

纵观那些高情商人士，即便是急脾气的人，如果遇到大事也会静下心来去思考，因为他们知道慌不择路的后果，明白唯有沉下来才能看到事情的本质，进而找到解决的方法。

情商课堂

销售行业充满了竞争，不仅要防竞争对手，还要时刻关注客户的动态，与客户打心理仗。在这场心理博弈战中，谁沉得住气谁便能掌握主动权。当然，这并非是绝对的。

但在与客户交流时，慢下来，会更好。

现如今的客户较之以往更聪明了，更懂得如何与推销员“打太极”，为自己争取更大的利益，此时，如果推销员过于急躁，是不利于交易的。

眼看就到月底了，某推销员面对平平的业绩有些急躁了。今天中午他约了一位顾客见面，这位顾客他已经跟了半个月了，他想今天无论如何要说服顾客签单。到了约定时间，推销员敲开了顾客办公室的门。谈了十五分钟，顾客终于松口了，说会好好考虑，过两天给他答复。

听到这样的回答，推销员有些急躁了，他觉得客户考虑的时间太长了，这完全是在拖延时间。他有些激动地说：“您真的不需要考虑那么多……我……怎么说呢，嗯……选择我们一定不会错的……跟我签了合同后，你将……”推销员语无伦次说了很多“废话”，的确是废话，而这些话也终止胜利在望的合同。

作为推销员，如果沉不住气，过于急躁，就会给客户一种“那么急着签单，肯定有阴谋”的感觉，或是让客户觉得你只是为了签单才轻易承诺，客户会怀疑你说话的可信度。有时候，慢下来，未必不好。

我们都知道一句话：心急吃不了热豆腐。在销售行业，困难无时不在，如果沉不住气，永远也走不出来。销售最忌急于求成，这样就会失去很多机会。成功的推销员在遇到问题时，首先做的就是分析问题，找到解决的办法，他们讲求“水道渠成”。时机未到，就采取行动，很容易吓跑客户，之前的努力也会付诸东流。

因此，作为推销员一定要耐性，有时做一个耐心的倾听者，会更讨客户喜欢。听客户说得多了，便能从中捕捉到重要信息，时机一到，便能一击即中。

内容精要

苏轼曾讲："慎重者始若怯，终必勇；轻发者始若勇，终必怯。"做每一件事情，不能光凭勇猛，遇事轻举妄动者，越往后会越胆怯。而那些慎重行事的人，则稳步前进，才是真正的成功者。尤其是销售行业，前路充满了未知，遇事就急，只会将自己逼进死胡同。当你能沉下心来思考时，即便客户没有当场签单，也会对你印象深刻。

●**沉下来，把握销售节奏**。销售不是一蹴而就的，有时需要花费一周、一个月甚至半年的时间来为一个客户服务，如果沉不下心来，客户就有可能成为别人的客户。那些情商高的推销员，懂得把握时机，让销售跟着自己的节奏前行。在销售进入最后阶段时，他们会给客户思索的时间，一旦客户购买意图显现，便一鼓作气，促成交易。

●**用沉默来替代急躁**。很多时候都是祸从口出的，话说得不是时机，便能毁了一单生意，所以，推销员不是说得越多越好。有的推销员，只是简单将产品信息介绍给客户，然后让客户慢慢消化，在客户犹豫之际，也不急着催促，而是静候一旁，当客户走出沉思，再次询问时，他们便把握时机，将客户拿下。而有的推销员总是留不住客户，原因就是在面对客户的犹豫时，心情过于浮躁，客户沉思的同时，还是在一旁说个不停，试图说服客户。

第四节课

用情商激活交易，让沟通成就机遇

面对客户，你还在用喋喋不休的方式与客户沟通吗？当客户不感兴趣时，你还在继续吗？对于客户的砍价，你该怎么办呢？这些问题是每一个推销员都需要面对的，对此，我们在沟通中需要运用情商，用柔性的方式去处理。

第八章

拜访客户情商学

不要怕，客户不是老虎

开篇导读

有研究表明，大多数的人对于未知的事充满恐惧，此时，就会形成一种心理暗示，将各种不好的、有可能会出现的结果一一列举出来。比如与人交往，很多人不敢主动与人打招呼，总是想着，如果对方不理自己怎么办？在这样的暗示下，便错失了结识新朋友的机会。

可是，那些高情商人士就不同了，他们有越挫越勇的精神，即便被拒绝了 99 次，他们也不会害怕即将到来的 100 次拒绝，而是告诉自己：说不定下一次就成功了。

很多时候，害怕源于负面的心理暗示。当你走出第一步，就会发现，自己所担心的事根本不会发生，即便发生了，也没什么大不了的。

情商课堂

众所周知，销售工作需要去面对客户，需要去发展客户，这就需要推销员去与不同的人打交道，需要有勇气去结识陌生人。可是，现实中，有很多推销员会害怕客户，特别是销售新人，对于登门拜访更是唯恐避之不及。

在见客户之前，做好准备是必要的，但是“准备”得太多也未必是好事。有一类推销员，第一次去拜访客户，他精心准备了开场白，然后做了很多心理建设，考虑了很多问题。比如，客户拒绝了自己怎么办？客户态度冷淡该如何应对？客户挑毛拣刺怎么办？和客户非亲非顾，要如何说服客户……越想心里越没底，本就害怕的心更加胆怯了。

有一位刚刚入职的推销员，要去拜访一位客户。一位同事提醒他要有心理准备，说这位客户不苟言笑，说话毫不留情。听了同事的话，推销员带着沉重的心情走在拜访客户的路上。边走边想，他开始担心客户会为难自己，或是把自己赶出来。越想越多，越想越害怕，约定的时间临近，他甚至想打退堂鼓了。

可是，已经约定好了，不能随意更改。他鼓起勇气敲响了客户办公室的门，客户很客气地请他进来，他心中狐疑，客户并没有同事说得那么严肃。可是，客户的客气并没有让推销员放下心来，反而让他更紧张了，之前准备的说辞都忘了，面对客户的提问也是支支吾吾。对于他不专业的态度，客户很不满意，交易自然没有达成。

有一些推销员对客户有一种本能的惧怕，害怕客户的提问，害怕客户的不讲理，害怕客户的精明……当内心被这些“害怕”占据时，身上再多的闪光点都会被掩盖，呈现在客户面前的就是一个唯唯诺诺、语无伦次的人。此时，即便客户对你的产品很满意，购买的欲望也会大打折扣。

作为推销员，要明白，客户不是老虎，他们不会随随便便对一个人发脾气，他的不苟言笑并非是针对你。优秀的推销员都具备不畏惧的心理素质，他们明白，影响销售业绩的从来不是产品价格、客户的拒绝、经济的不景气……而是恐惧心理作祟。在拜访客户时，露怯是销售道路上的头号绊脚石，要想成为王牌推销员，首先要做的是敢于推销自己，不要怕，哪怕客户看起来很“凶悍”，也要鼓足勇气开口，迈出第一步，便不会觉得害怕了。

内容精要

培根说：“虽然危险并未临近，而迎头邀击比长久注视其前来的好，因为如果一个人注视过久，他是很有睡觉的可能的。”大多数的推销员之所以失败，就是因为给自己找了太多的借口，将客户形容得不近人情，那些看上去合情合理的说法，实则经不起推敲。在销售行业，即便是已经成功的推销员也会遇到客户的拒绝，这是销售常态，如果因为害怕客户的拒绝就不敢迈出第一步，那永远也无法成功。

●**第一步很重要**。人生需要不断尝试，不能因为害怕就畏缩不前，那些成功人士，面对未知的事情，常常用平常心来对待，他们相信自己，相信自己的产品能为客户带来利益，这种自信让他们勇敢迈出了第一步。于是，有了第二步、第三步……他们不会让无端的猜测束缚自己前进的脚步。所以，他们成功了，而你还在门外徘徊。

●**立即行动**。没有行动，再多的计划也是空谈，销售行业，行动力特别重要，犹豫不绝就会失去机会。有些推销员有一种初生牛犊不怕虎的气势，他们不怕拜访，不怕失败，而是在行动中调整策略，不断提升自己，勇敢的次数多了，恐惧、胆怯便没有了，沟通也就更顺畅了。而有一些推销员则刚好相反，不敢轻易行动，对陌生的人或事会下意识后退，这使得他们加重了胆怯心理，恶性循环下难以走出恐惧。

不打无准备之仗

开篇导读

我们在做一件事之前，都会想如何做才能将事情做得更好，然后会制订一个计划，将有可能发生的意外罗列出来，这样的话，当事情真的发生时，就不会手足无措。无论做什么事，做好充分的准备才能有卓越的成绩。

成功者无论做什么事情都有条不紊，一切尽在掌握之中，而一个平庸者在做事情时总是杂乱无章、思路混乱。当你准备得不够充分时，遇事就容易手忙脚乱，还没准备好就出击，最后只会挨打。

情商课堂

一个专业的推销员，在进行销售之前，会花大量的时间去准备。产品的信息、客户的信息、市场的信息、未来的前景……这些信息的掌握都是在为接下来的销售做准备，这也是推销员成功的基本要素。有些推销员之所以能在最短的时间内与客户建立良好的关系，很大一部分原因就在于前期对客户、市场等的调查。正所谓：知己知彼，方能百战不殆。

可是，事实上，有很多推销员都没有做到这一点，他们没有意识到自己正在开启一段新的关系，因此在毫无准备之下便打通了客户的电话或敲开了客户的门。结果可想而知，唐突的举动会引起客户的不满，进而影响接下来的沟通。

一个情商高的推销员从不打无准备的仗，无论你销售的是什么产品，提前做些准备都是非常有必要的。面对的客户越重要，所做的准备也就越多。

一位推销员去拜访客户，去之前他做了一些准备工作，他将产品信息了解得十分透彻。来到客户的办公室，寒暄过后，推销员便开始推销了。看得出来，产品信息这一块他准备得非常充分。推销员说完，客户问他，有没有具体的实施方案。推销员有些尴尬地说："这个还没有，不过我回去就给您写一份方案出来。"客户又问："你对市场做过了解吗？哪一类客户的购买需求最大？"面对客户的提问，推销员再一次哑口无言。最后，推销员只得悻悻离开了。

这位推销员所犯的错误是非常普遍的，自认为对产品足够了解，准备得足够充分，实际上，准备得却过于表面。面对客户，要做到有的放矢，就要掌握与产品相关的各方面信息。做好销售前的准备工作，才能使拜访更有效，在与客户沟通时，针对客户的实际情况进行说明。良好的准备工作也能使推销员在沟通时迅速掌握主动权，把握沟通重点，既节约时间，又能给客户留下干练的好印象。

在准备过程中，还要注意自己心态的培养，如果心态没调整好，其他准备都无法发挥应有的效果。

内容精要

一个人要去外地出差，朋友让他早做准备，他说："不要紧，说不定当天就回来了，也没什么需要准备的。"结果，酒店没订，客户时间没谈好……一系列的问题都让他头疼。因为是旅游城市，酒店很难订；客户时间没谈好，一时间无法面谈，就这样，一趟出差毫无收获。销售行业，一切都充满了未知，如何能得到客户的青睐？那就是想客户之所想，将所有问题都完美解决了，客户挑不出毛病，自然乐意购买。

●**精彩需要策划来支撑。**有这样一句话，机会都是留给有准备的人。凡事预则立，不预则废。很多人都懂得这个道理，但遇事还是会手忙脚乱。大多数的成功者在"出战"前都会将自己的装备准备好，想好一切可能发生的状况，这样便会增加赢的可能性。

●**完美准备，赢得认可。**一个人准备的充分与否直接关乎成败，有的推销员拜访客户前会再三确定自己的资料是否带全了，是否有什么漏掉的信息。因此，在敲开客户门的那一刻，他们是自信的，给客户一种"准备好了"的感觉。反观另一类推销员，快到与客户的约定地点了，才想起某份重要资料忘记拿了，回去取就会迟到，不取，接下来的沟通就会受到影响。不管是哪种做法，推销员此刻的情绪一定会受到影响，使得唾手可得的成功被慌乱与失败取代。

用“情”化解客户的拒绝

开篇导读

生活中，不管是多么优秀的人都会遭到拒绝，有的人面对拒绝一蹶不振，而有的人则用“情”化解了别人的拒绝。有的人被拒绝之后转身离开，有的人被拒绝之后则懂得调节自己，重新出发，另寻突破口，直至取得成功。

没有任何人能得到所有人的喜欢，尤其是初次见面的人，彼此都会存在一定的防备心，如何化解他人的拒绝？其实，无论是生活中还是工作中，拒绝是常态，只有坦然接受，才能有转机的机会。

情商课堂

在销售行业，即便做好了一切准备，还是会有被拒绝的可能。而且，不管你做了多少心理建设，面对客户的拒绝还是会觉得尴尬、不舒服。不可否认，人人都有自尊、情感，都希望被尊重、被认可，谁会喜欢拒绝呢？

可是，推销员要明白，拒绝是不可避免的。被拒绝并非没有理由，可是，客户通常会将最真实的理由隐瞒，而是随便找借口搪塞过去。

有一类推销员，面对客户的拒绝，不解释、不强求，而是另寻客户。虽然方便了客户，可自己的业绩却失去了保障。

大街上发传单、做市场调查的人有很多。某天，我走在大街上，一个小伙子跑过来，说是让填写一份问卷，我看了一下，并不感兴趣，便说赶时间，将问卷递给小伙子便走了。看得出来小伙子很无奈，但没有继续说什么。

走至另一条街，又遇到了同样的问题，一个小女孩拿着问卷，我依然说赶时间，小女孩赶忙说：“不耽误您太长时间的，只要留个电话，将这五个选项填一下就可以了。您看，我就差这几份没填完了……”看着小姑娘“可怜兮兮”的样子，我拿起笔填写了问卷。

同样一件事情，不同的人做，便有了不同的结果。一个优秀的推销员就是在一次次的拒绝中成就自我的，将拒绝转变成认可，便是他们的成功之处。试想一下，如果每拒绝一次，就放弃一次，销售工作还怎么进行？

被拒绝了不要沮丧，要知道，很多时候，客户的拒绝只不过是习惯性的回答。对于不了解的事物，人们通常的反应就是拒绝。你对拒绝的态度，决定了是否有成功的机会。正如博恩·崔西所说：“成功的销售所遇到的拒绝要比失败的销售所遇到的拒绝多出两倍。”情商高的推销员能轻松化解客户的拒绝，面对客户五花八门的拒绝理由，他们会另辟蹊径，找到真正拒绝的理由，以此为突破口，取得成功。

比如，客户说：“不好意思，我现在没有时间。”情商高的推销员就会说：“这我深有同感，我也时常觉得时间不够用。您只需要给我三分钟的时间，可以吗？我保证不会让你的三分钟白白流失。”

再比如，客户说："你把资料寄过来就可以了，我有需要再联系你。"推销员可以说："是这样的，我们给每位客户的资料都是经过精心设计的，配以人员说明才能体现其价值。这就如同量体裁衣一般，您也希望自己拥有的是独一无二的，不是吗？周一我可以过去看您，您看是上午还是下午比较方便呢？"

总之，在化解客户拒绝的过程中，态度一定要真诚，以情动人，才能得到客户的理解。自说自话，不留心客户的反应，只会遭来客户更坚决的拒绝。

内容精要

在销售行业，不要幻想着初次见客户，对方就能接受你的产品，要做好被拒绝的心理准备，客户会用各种各样的理由来拒绝你。如果因此而丧失了积极性，是很难取得成功的。成功者与平庸者的区别就是，成功者走了100步，而平庸者走了99步。与各种销售技巧相比，你被拒绝后的热情与专业更吸引客户。

●**以"情"动人。**人都是有感情的，当你付出了真心，对方也会回以真心。那些成功者做任何事都会抱着坚定的信念，即便吃了闭门羹也会当成一件平常事来对待。事实证明，面对拒绝面不改色。毫无退缩的人才具有说服客户的品质。

●**不怕拒绝，收获成功。**每个人都有可能被别人拒绝，有的人在拒绝中找到了合适的处理方法，进而取得了成功，而有的人在拒绝中灰心丧志。在很多时候，客户拒绝的并非是产品本身，而是你的销售方法不对。在处理拒绝时，推销员的情绪非常重要，优秀的推销员会先处理自己的心情，然后再处理客户的拒绝，诚恳的态度轻松化解拒绝。

像对待客户一样对待“拦路虎”

开篇导读

任何人在前进道路上或多或少都会遇到障碍，不同的人有不同有处理方法，因此，也就有了不同的结果。

成功者，不管面对多少障碍，都会想办法“清扫”，直至成功。反观懦弱者，一遇到麻烦就想要放弃，因而错失了很多机会。

人生道路没有一帆风顺，我们需要过五关斩六将才有可能看到成功的影子，生活总是会为我们制造各种各样的“拦路虎”，不要轻言放弃，这样才能抓住机遇。

情商课堂»

在拜访客户的这条路上，推销员走得并不顺利，有一道又一道的屏障挡在前面，唯有一层一层地剥开，才能见到客户的真容。如果因一时受不住困难而退缩，不仅前功尽弃，还会影响将来的发展。

俗语有云：“阎王好见，小鬼难缠。”在销售行业中，要想见到对方的决策人，需与这些“小鬼”斗智斗勇。不要小看这些“小鬼”，如果你觉得他们无关紧要，便态度傲慢，那么，你连客户的面都见不到。

我曾见过一类推销员，自觉自己是谈大生意的，不屑与保安、前台等打交道，于是便出现这样的情况：他每次造访，客户“都不在”，每次打电话预约，客户要么出差，要么约满了。障碍重重之下，被竞争对手钻了空子。

某天外出办事，看到有个人在与前台工作人员说着什么，我走过去听到了这样的对话：

“我都来三次了，你们经理到底什么时候回来？”

前台：“这我就不清楚了，经理的行踪又不是我们能过问的。”

“我可是要给你们经理介绍大生意的，你耽误得起吗？”

前台：“那我也没办法，经理确实不在，要不，您直接给我们经理打电话？”

“你……”

那人没再说下去，想必也是没有经理电话的，抑或是经理的电话打不进去。

作为推销员经常会遇到这样的情况，在见到客户之前，如果不好好对待这些“拦路虎”，是会经常吃闭门羹的，如此一来，销售工作如何开展？如果像上述推销员一样，一副高高在上的样子，对前台工作人员说话傲慢无礼，是非常不受欢迎的。即便是“看门人”也要以认真的态度对待，别小看这些“看门人”，他们所掌握的信息可比你准确、深入。而这些信息是否能为你所用，就要看你对人情世故的了解了。如果拦住你的是保安，那么，烟就派上了用场。发根烟，聊会儿天，慢慢地熟悉起来，了解的信息自然就多了，让他们知道你是真正来办事的，便会很容易过关。

大多数的公司都会设置前台，在你没有预约的情况下，前台工作人员是不允许你进入公司的。如果你看不起她们，惹怒了她们，那么，她们是否将你的造访转告给负责人就另当别论了。对于前台工作人员，大多是妙龄少女，可以用一些小零食、小礼品来“贿赂”她们。当然，如果是训练有素的前台，软硬不吃，就要用自己严谨的工作态度来对待，获得好感，便利于你快速见到负责人。

在见到客户之前，除了门卫、前台这些较容易打发的“拦路虎”，还有一类人是需要注意的，那便是把关人。这类人一般是负责人的直接下属或助理，他们多是从专业角度出发来过滤来访者，而被他们拒绝引荐也是常有的事，这就需要推销员发挥情商，以此来获得把关人的好感。多与把关人进行交流，表明他不会受到忽视。当把关人开始认可你、信任你时，他们就会让你顺利见到决策人，而且有了把关人的引荐，交流起来也会顺畅很多。

内容精要

无论是生活中还是工作中，都会遇到障碍，而如何解决就需要看一个人的应对能力了。那些成功者，无论面对何种障碍，都能通过自身能力扭转局面。面对人为的障碍，他们懂得运用恰当的方式去处理，不同的人区别对待，以此来获得别人的认可，达到自己的目的。

●**清扫“拦路虎”**。“拦路虎”不清扫，是难以见到决策人的。作为推销员，清扫“拦路虎”是进入销售程序的基础。与其说这些“拦路虎”讨人厌，不如说自己没做好相关工作。大多数情况下，见到决策人之前的把关人都不会轻易为难人，除非你的态度过于恶劣，不懂得人情世故，致使对方产生了不好的印象。所以，要清扫“拦路虎”，就要提升情商，善于沟通，才能了解他们的内心，把握重点，便能一击即中。

●**不要低看任何人。**王牌推销员从不会低看任何人，就如同对待客户一样，态度恭谦，因此，就能一路畅通，顺利见到决策人。

第九章

销售提问情商学

有效提问，打开客户沟通欲望

开篇导读

在这个世界上，每个人都有交流的欲望，但如果没有碰到合适的谈话对象，很多人都会采取沉默的方式应对。在与人沟通的过程中，如果一方没有沟通欲望，该怎么办？一走了之？还是唱独角戏？情商高的人会采取提问的方式来打开对方的沟通欲望，用话题激起对方的兴趣，使谈话氛围热烈起来。

我们都知道，沟通是双向的，当初识之人进行对话时，很容易因为话题不多而陷入沉默。可是，有些人却将这种沉默处理得很好。他们善于谈话，对于不善言辞、防范心重的人，他们就采取提问的方式，一步步攻克对方的心理防线，使谈话愉快进行。

这是沟通技巧的问题，同时也是一个人情商的问题，情商的高低决定了一个人是否能走入对方心里，打开对方谈话的欲望。

情商课堂»

推销员与客户之间似乎总是隔着一层纱，对于推销员来讲，最痛苦的莫过于，客户不愿将真实的想法说出来。一些基础的资料根本无法获得客户的真实需求，那么，如何做才能诱导客户说出心里话呢？

这个问题就非常考验一个推销员的情商了。很多推销员都知道可以通过提问的方式来获知客户的心里话，可是，收到的效果却不一样，如何让提问变得有效才是最关键的。情商高的推销员会运用有效提问。

有这样一类推销员，在与客户进行沟通时，面对客户的犹豫不决，心生烦躁，没等客户了解清楚，就下最后通牒。

有一次我去家具市场，想买一套电脑桌。一位接待我的推销员很热情，给我介绍了不同种类的电脑桌。我正在考虑买哪一套，推销员看我沉默不语，就说："您选好了吗？要哪一套？"我说："还没。"推销员说："还没选好？您是哪里不满意吗？"我说："没有。"推销员说："没有不满意，那您还在考虑什么？"面对推销员的咄咄逼人，我说："我再看看吧。"然后就走了。

这样的情况很多人都遇到过，正在考虑的时候，推销员不当的提问可能会导致交易的直接终断。由此可见，推销员在提问过程中，所使用的语言、态度直接影响着客户的购买欲望。

推销员在提问之前，要明白提出的问题的目的，没有目的性的提问，得到的答案也是毫无意义的。

有个很简单的例子，两家早餐店，地理位置差不多，A 店的卤鸡蛋每天都能卖完，而B店的卤鸡蛋只卖出去了一半。原因其实很简单。A店老板在询问时是这样说的："您是加一个鸡蛋还是两个鸡蛋？"通常客人都会顺嘴说："一个。"就这样，一个鸡蛋卖出去了。而B店老板是这样问的："您要不要加个鸡蛋？"此时，客人会惯性回答："不要。"就这样，鸡蛋没有卖出去。

在销售过程中，提问的有效性非常重要。要保证每一个问题都能达到获取信息的目的，否则不仅客户觉得你不知所谓，你自己都不知道要表达什么，这样的沟通是很难进行下去的。而且，采取什么样的方式提问也非常重要，表达方式的不同所得到的结果也将不同。大多成功的推销员都会在沟通过程中，意识到这两点的重要性，然后恰到好处的运用，保证提问的有效性，得到自己所满意的结果。

还有一个使提问有效的方法，就是将提问控制在一个范围内，不管客户选择哪一个，都是对自己有利的。如果提出的问题给客户太多选择的余地，就对自己很不利，你需要花更多的时间、精力去解释，浪费彼此时间。

学会如何提问，便能打开客户的沟通欲望，获得最真实的信息，这是一个人情商的体现。总之，在与客户沟通中，要通过提问的方式，一步步引导客户，客户说得越多，对你越有利。

内容精要

在销售中，很多沟通都终止在提问中，当提的问题不得法时，沟通就会进入死胡同。不要试图用猜来获取客户的心理，那样只会适得其反。

●**提问改变客户观念。**在销售中，沟通的主要目的就是说服客户，而要说服客户，就要转变客户固有的观念，让其向你的思维靠近，这就需要通过有效提问来引导客户。那些成功的推销员提出的问题都有转变客户观念的影响力，他们的高情商在此发挥了重大作用，根据不同的客户，采取不同的问话策略，即可收到不凡的效果。

●**在提问中完成销售**。那些具有影响力的推销员，他们在与客户进行沟通时总能占据主动权，原因很简单，他们懂得如何提问，不会让沟通戛然而止。反观另一类推销员，总是处于被动状态，提出的问题总是得不到回应，或是答案不在预期。客户愿意沟通与否，与推销员的提问有着很大的关系。

从客户的兴趣中引出其购买欲

开篇导读

生活中，我们会有很多兴趣，但大多没有发展成为欲望，非其不可。我们要说服一个人，首先要勾起对方的兴趣，然后一步步引导，让其产生欲望。

比如说买东西，常常只是对某件产品感兴趣，但还没到非买不可的地步，如果你要说服这样的人，那么，就要将对方的兴趣变成欲望，因为对于欲望，人们是很难压制住的。

学会引导，才能让对方一步步跟着你的思维走，才能获得对方内心深处的真实需求。通过提问，初步把握对方的心理，投其所好，方能使沟通顺利进行，达到最终目的。

情商课堂

任何推销员在与客户进行沟通时，都会遇到这样的问题：客户明明对产品很感兴趣，可就是下不了决心购买。总是会说各种理由来放弃购买的念头，不是觉得产品贵，就是觉得产品样式不太好，总之，就是没有购买的欲望。面对这样的情况，推销员该如何应对？

作为推销员，如果你在介绍完产品后，客户依然处于犹豫状态，那么，就有必要学习一下，如何引导客户。

有这样一类推销员，他们在不了解客户真实需求的情况下，就妄下断言，主观猜测客户的问题与需求，结果可想而知。

“我知道您最担心的问题就是……”

“您肯定非常需要这样的产品，对吗？”

这样的话常常能从推销员的嘴里听到，往往就是这样的话，让交易中断。真正优秀的推销员，他们会用提问来控制销售的节奏，不会卖力去说服客户，而是站在客户的立场，理解客户，用提问的方式来引导、帮助客户意识到问题的本质。引导客户的主要目的在于让客户自己说出问题的所在，将真实需求说出来，进而说出解决方案，然后推销员一一作出回应。

某产品的推销员做完产品介绍后，客户说：“你们的产品功能太少了。”

推销员说：“这样啊，可否请问您，少了哪些功能呢？”

客户：“别的品牌有 6 个控制键，而你的产品只有 3 个功能键。”

推销员说：“您真厉害，这么复杂的操作流程都能轻易掌握。是这样的，我们的产品虽然只有 3 个控制键，但功能并没有减少。”

客户说：“是吗？”

推销员：“是的。而且这类型的产品在公司属于公共用品，控制键过多就容易出现操作失误的现象，产品的使用寿命也会减短，而且，您也不希望三天两头打售后电话过来维修，对吗？”

客户：“没错，维修一次非常麻烦。”

就这样，一步步让客户接受你的提议，说出自己真实的需求。

每个人都有去医院看病的经历，见到医生后，医生一般都是先问哪里不舒服，然后做简单的检查，接着再询问，然后找出病源，对症下药。作为推销员有时就扮演着医生的角色，要通过引导来让客户说出问题背后的真实需求，发掘的“问题”越多，将隐性需求发展成显性需求的几率就越大。很多销售成功的案例都在向我们证明，销售成功与否与引导性提问有很大的关系。

因此，学会引导客户非常重要。

内容精要

维尔纳·海森堡曾经说过：“提出正确的问题，往往等于解决了问题的大半。”的确，通过提问一般都能获得答案，在销售中，一味地介绍，是无法了解客户真实想法的，改变策略，用富有情感的提问，让客户打开心扉，让最初的兴趣变成购买的欲望。

●**兴趣变欲望。**兴趣只是人们最初的感受，而欲望是更为强烈的情感，优秀的推销员懂得向客户灌输这种情感，让客户意识到产品的价值，体会到你可以为他带来不一样的体验。如果你能为客户解决内心真实存在且亟待解决的问题，那么，他们越来越强烈的兴趣就会演变成欲望。

●**欲望促成交易。**让客户产生购买的欲望，是每位推销员都应该修炼的基本技能，让客户在还没有意识到怎么回事的时候，思维已经跟着你走，被你所影响。这就是为什么，有的推销员仅仅是提了两个问题，客户就迫不急待地付款的原因，这类推销员善于引导客户，让客户本就存在的兴趣更浓，演变成欲望时，交易自然会成功。

提问要循序渐进慢深入

开篇导读

在很多人的认知里，沟通就是说话，只要会说，沟通就能进行。可是，要使沟通变得有效，只会说是不行的。与人沟通，不应是单方面的说话，而应是有问有答，继而使话题朝着一个方向走。

有些人常常会因为说错话而引起对方反感。比如你和不同领域的人聊天，给对方提出一个自己领域的专业问题，你觉得对方会回答吗？在与人沟通过程中，要时刻关注对方的反应，谈话要循序渐进，不能一上来就问一些隐私或是专业性过强的问题。

提问需要慢慢深入，给对方足够的时间消化，这样才利于信息的接收，使沟通更高效。

情商课堂

在人们的印象中，推销员大多是能说会道，通过“说”来推销产品的。尤其是面对小众客户时，你“说”的越精彩，客户就越有购买的欲望。可是，这主要针对主动上门或是有着明确需求的客户，这类客户也不需要推销员多费口舌。

如果是上门拜访，或是交易额过大，那么，推销员的每一句话都能决定销售的结果。而且，越来越多的顾客对于“说”有了更高的要求，不再是你“说”得精彩，就会产生购买欲望了。在整个的销售过程中，“说”将不再占据优势，所发挥的效用越来越小，客户留给推销员“说”的时间越来越少。面对喋喋不休的推销员，他们要么下逐客令，要么沉默，总之会想各种理由让你无法窥视到他们内心的真实想法。

随着社会的发展，推销模式也发生了翻天覆地的变化，于是便产生了一种新的推销方式。正所谓：“说得好，不如问得好。”通过提问的方式，由最简单的问题问起，带着目的性，让客户的答案一步步接近自己的目的。

当然，提问时要求推销员能以“情”交流，利用情商，打开提问模式，让提问可以顺利进行。

可是，有一类推销员，在使用“提问”的方式时，完全没有目的性，自己都不知道问这个问题想要得到什么样的答案，进而让谈话变得越来越无聊，当客户耐心尽失时，这场交易也就结束了。

某推销员拜访某客户。

推销员说：“您好，我是××软件公司的推销员，您能给我几分钟时间来介绍一下产品吗？”

客户：“××公司？”

推销员说：“是这样的，我们公司新开发了一款软件，能够提高公司……我听说你们公司目前还没有使用过这类软件，是吗？”

客户：“你是听谁说的？我们这么大的公司怎么可能不使用这类

软件？”

推销员说：“是吗？那您使用的是哪个品牌的软件？”

客户：“这个不用告诉你吧。”

推销员说：“那您了解它的功能吗？”

客户：“这方面我们有专人管理。我还有事，请便。”客户说完就走了。

在整个销售过程中，推销员都不知道客户的真正需求是什么，甚至还有点“打击”客户的意思。提问方式与节奏没把握好，让对方很不舒服，对方自然不会接受你的提议。

情商高的人总能把握好提问的节奏，不会让对方觉得冒犯，也不会让对方尴尬。问题一点点深入，直到促成交易。比如优秀的推销员会提出这样的问题：“听说贵公司准备购进一批 ××，您能否说说您对产品的要求？”“我想知道贵公司在选择合作商时主要考虑哪些因素呢？”“我们公司非常期待与您这样的客户保持长期合作的关系，不知您对我们公司有着怎样的印象？”“贵公司之前购买的产品存在哪些不足呢？”“您觉得会出现这些问题，是什么原因造成的呢？”“如果说我们的产品可以达到您所说的标准，而且还能在此基础上提高效率，您是否有兴趣了解呢？”……所问的问题一个比一个深入，一个比一个接近目的，这就是提问的正确方式。

在提问环节，很多推销员都容易犯的错误就是直截了当地询问客户是否有购买意图，尤其是初次接触的客户，这样的提问会让客户反感。作为推销员，提问一定要循序渐进，站在客户的立场提问，如果总是围绕着自身利益，沟通是很难进行下去的。需要注意的是，当客户在回答你的提问时，千万不能打断他，即便客户说的与你所想的有出入也不能打断。提问不是漫无目的的，而是为了获取某信息才提问，正确的提问能达到平铺直叙所达不到的效果。

因此，推销员学会如何提问，运用提问来一步步了解客户的真实意图，达到事半功倍的效果。

内容精要

在销售过程中，只有慢慢接近客户的心理，才能达到销售的目的。就一个人而言，如果你想了解某个人，你应该从哪方面开始？一步到位是肯定不行的，一口吃不成胖子，这需要从慢慢的相处中，找到平衡点，一步步深入，达到和谐。

●**循序渐进，水到渠成。**很多人羡慕成功人士所拥有的一切，可是，他们的成功也并非一蹴而就的，任何事情的发生、发展都是循序渐进的。王牌推销员在面对客户时，不会操之过急，沟通过程中，他们总能将节奏控制在自己的范围内，从客户的回答中聆听出重要信息，进而想出应对之策。

不同的提问方式，不同的结果

开篇导读

在生活中，面对相同的问题，不同的人处理会出现不同的结果。因为站的角度不同，所使用的方式不同，所以结果也就大不相同。比如说，两个人面对同一个人，一个能得到对方的认可，可另一个却遭到嫌弃。这是为什么?

原因很简单，就是用错了方式，在进行沟通时，提问的方式如果引起对方的反感，那么出现的结果也不会太圆满。

情商课堂

作为推销员，在与客户进行沟通时，肯定会向客户提问。或许你做好了准备，也知道自己要达到什么样的目的，可是，结果却不能令人满意。此时，你就要学习一下情商，带着情商去提问，通常能事半功倍，使结果出现预期的效果。

提问要做到有的放矢，一言一行都要有目的地进行，脱离了主旨，是很难达到目标的。要知道，盲目的提问得到的结果也是盲目的。

有这样一类推销员，在与客户进行沟通时斟字酌句，使每一句话都能获得重要信息，又不引起客户反感。

很简单的一句话，推销员想从客户那里了解一些对自己产品的意见。“您觉得我们的产品还有哪些不足的地方吗？”这样的提问会使客户关注产品的负面信息，不利于产品的推销。

换个说法：

“您觉得我们的产品哪些地方改善一下会更符合您的要求？”抑或是“您心目中产品的理想状态是什么样的？”这样的提问会让客户说出自己的真实感受，以便作出正确的反应。在与客户沟通的时候，提问是非常好的方式，当客户拒绝时，可以询问原因。提问要掌握一定的技巧，口无遮拦或毫无情商的提问都会引起客户的反感。而且，对于同一个问题不要紧追不放，注意语气，用“情”沟通，则会收到好的效果。

内容精要

提问的目的就是获得自己想要的信息，如果达不到这个要求，提问就变得没有意义。在销售中，每位推销员的机会都是同等的，如果“不会说话”，客户就会选择其他产品。面对同样的问题，如果措辞不准确，就会失去先机。

●**抓住时机，言到成功。**销售过程中，客户不经意的话可能会成为成交的保证。作为推销员要懂得把握时机，善于提问，来获取重要信息。那些成功的推销员总能在竞争中脱颖而出，正是因为他们善于抓住时机，对于相同的问题，采取不同的应对措施，才做到了成功。

●**情商提高问答能力。**一个人的情商还体现在对问题的把握上，如何让答案变成自己想要的结果，主要看如何发问。成功者特别注意自己的语言表达，通过语言艺术来构建和谐关系。所有的推销员都期待成交的那一刻，如果看问题只看表面，无法获知客户的深层需求，就无法促成交易。

第十章

客户沟通情商学

给客户一个富有情感的开场白

开篇导读

人与人之间的相处都是从陌生到熟悉，从乍见之欢到久处不厌的，这需要一个过程。就好比男女相亲一样，彼此通过朋友或亲戚介绍，相约在某地见面。见面后肯定要说话，而沟通效果如何直接受开场白的影响。

如果女方直接问男方："你每个月收入多少？有房有车吗？"

如果男方直接问女方："你在哪儿上班？如果结婚的话，是打算放弃工作还是继续工作？"

无论是女方还是男方，这样的开场白都会让人不舒服。对于不熟悉的两个人，一开场就问过于私人的事，不带任何情感，如何获得对方的好感。

或许有人会说，两个人本就不熟悉，何来情感？其实，人与人之间的相处是靠情感来维系的，不是说见面之初要付出多少情感，而是要带着真诚的心面对对方。开场白过于糟糕，接下来的沟通就会变得很尴尬。

为什么有的人与对方初次相见，便给对方留下一见如故的印象？原因很简单，他们给了对方一个富有情感的开场白，带着情商与人交流，使沟通达到预期的效果。

情商课堂»

大多数情况下，人们都特别注重第一印象。在与客户见面时，开场白非常重要。当开场白成功吸引了客户，那么，接下来的谈判就会顺利很多。这就好比人们读书看报，通常会习惯性地浏览大标题，如果标题吸引人，就会想进一步了解，相反，如果标题平淡无奇，即便里面内容再精彩也会有些抗拒，不想浪费时间去了解。

我们都知道，推销员与客户之间是交易关系，那么肯定会涉及到金钱问题，这是不可避免的，但是与客户讲钱也是要看时机的。如果一上来就说："这是我们新开发的产品，价格实惠，现在买绝对不会吃亏……"这样的开场白，任凭你说得口干舌燥，客户也不会买账。因为你完全不了解客户真正的需求。一段没有情感、干巴巴的开场白是很难引起客户好感的。

一名优秀的推销员，应该懂得在第一时间抓住客户的思维，一段富有情感的开场白，能让客户感觉到你的真诚，利于接下来的沟通。

我比较爱好书法，在办公室里挂了一幅朋友写的草书《沁园春·雪》，我很喜欢，有时间就会临摹。有一天，办公室里来了一位推销员，是之前电话沟通过的。

这位推销员给了我很深的印象。他进来时，我正在打电话，他便坐在沙发上等。电话结束，我走向他，他没有如一般推销员那样，一上来就介绍产品。而是说："您一定是个书法爱好家吧？"我有些惊讶。他说："我看您的办公室里没有多余的摆设，墙上的装饰也只有那幅《沁园春·雪》，而且，您的办公桌上有一些您练习的草稿，所以我觉得您应该是个爱好书法的人。”我惊讶于他短短几分钟的观察力。我说："你对书法有研究？”他面带微笑的说："在您面前不敢称研究，只是小时候跟着我爷爷学过一点点。”看着面前谦虚的推销员，我知道他的“一点点”绝非真的是一点点。

与客户沟通，第一句话非常重要，说对了就成功了一半。

“您好，欢迎光临，请随便看看”对于这样的话相信很多人都不会陌生，而正是这样一句话，将客户送到了竞争对手的门店。

如果你是消费者你会怎么做呢?

大多数人都会随便转转，然后就出去了。如果你销售的是家用电器，那么，十年左右你将不会与这个客户有交集。

选择好的开场白，客户才会为你停留。如果将话换成："您好，欢迎光临 ×× 专柜。”那么，即便客户此次没有购买，也会记住你销售的品牌。接下来可以说："这是我们店里的新款，您可以试试。”对于新的事物，大多数人都会产生好奇心理，都想看看。一步步将客户引入你的思维，这样接下来的沟通就会顺利很多。

利用好开场白，给客户留下好的印象，为接下来的谈话打下良好的基础。

内容精要

要想留住客户，说好开场白是首要条件，开场白说错了，就有可能失去成交的机会。在设计开场白时，不妨投入些情感，如发自内心的赞美或赠送小礼品等，这些都容易引起客户的注意与好感。

● **30 秒的吸引力**。开场白有时只是一句话的时间，万事开头难，好的开始预示着你已经成功了一半。一场愉快的谈话都是从吸引人的开场白开始的，对于素未谋面的人，使用好开场白，能在最短的时间内拉近彼此的距离。

●**开场白决定沟通效果。**销售能否顺利展开，除了拥有专业的素养，更重要的是有个好的开始。给客户一个富有情感的开场白，会让客户有一种被重视的感觉。在销售过程中，沟通是否有效，决定着能否将产品推销出去，而沟通是否顺畅是由开场白来决定的。

沟通从记住对方的名字开始

开篇导读

每个人都有属于自己的名字，人与人之间的沟通也是从名字开始的。记住对方的名字，能让对方感受到你对他的重视，而这也是拉近彼此距离最简单的方法。

生活中，结识新朋友的时候，记住对方的名字，体现的是你的尊重。每个人对自己名字的在乎程度超乎你的想象，不记得名字或记错名字对于沟通都是不利的。

在与人交流中，名字就是一种连接方式，每个人对自己的名字都有一定的敏感度，正确叫出对方的名字可以消除陌生感，让谈话进入到一个愉快的氛围。

情商课堂

很多推销员都有这样的错误认知，他们觉得自己是来销售产品的，记不记得住对方的名字无所谓，知道对方姓甚名谁于销售毫无意义。

真的如此吗？如果你有这样的想法，那就大错特错了。

名字对于每个人的意义都是不同的，记住对方的名字不仅仅是一种尊重，更是一种修养。

我曾遇到过这样一位汽车推销员。

我的表弟要买一辆车，刚好我有时间，周末便陪他来到了车行。走进 4S 店，一位推销员便热情地迎了上来，态度谦恭，开始推销。此时，表弟说：“我上周来看过的，不用介绍了，我们自己看。”

推销员打量着表弟：“哦……我有点印象，您是赵先生对吧？”

表弟兴致缺缺地说：“恐怕你认错人了，我不姓赵。”

推销员似有些尴尬地说：“啊，不好意思，这段时间看车的人实在太多了，可能是我记错了。是这样的，您当时看的是什么车？我可以再详细为您介绍一下。”

表弟说：“不用了，我今天也只是随便看看。”

就这样，原本可以成交的生意被一个名字毁了。记错了客户的姓氏，别说交易了，你连沟通的机会都没有。一个人的名字虽没有多少字，可就是这简简单单几个字却影响着销售结果。对于推销员来说，要使沟通变得高效，就要从记住对方的名字开始。在这方面，乔·吉拉德做得非常出色，即便是五年前的客户站在他面前，他也能将对方的名字准确无误地叫出来。这种感觉对于客户来说非常棒，让他们觉得自己是被挂念的，而客户会因为他的这份用心对他印象深刻，身边有人买车，肯定第一个想到的人就是乔·吉拉德。

有多少人能做到像乔·吉拉德这样呢？你是否还记得五年前你所签下的客户？偶遇这些客户，你是否能叫出他们的名字？

这就是为什么乔·吉拉德能成为世界上最伟大的推销员，而你只是拿着销售底薪的原因。

内容精要

卡耐基说："一种最简单但又最重要的获取别人好感的方法就是牢记他或她的名字。"可见名字的重要性，的确，名字是与一个人的一生紧紧联系在一起的，没有谁愿意别人叫错自己的名字。尤其作为推销员，这样低级的错误更不能犯。即便是初次见面的客户，在介绍过后就一定要牢记对方的名字，在适当时机，表露出自己的重视，便能赢得客户的好感。

●**记住名字，获得好感。**在任何场合下，记住他人的名字都是一种基本礼仪。记住对方的名字，并能准确叫出来，实则是一种赞美。

●**沟通从记住名字开始。**我们熟悉家人、朋友的名字，可对于初见者的名字，如果不用心，根本记不住。其实，要想记住一个人的名字很容易，只是，很多人不愿意去记。有些推销员会用心去记住每一位接触过的客户的名字，并在适当时机准确叫出来。客户从他们那里得到了尊重，接下来的沟通也变得顺利很多。记对方的名字应该是发自内心的尊重，体现的是推销员的风度与修养。

说话很重要，会听更重要

开篇导读

在人际交往中，沟通的作用显而易见，但很多人做不到双向沟通，他们只想将自己的思想传递出来，却不管对方接受了多少，不管对方感觉如何。其结果可想而知。

在沟通中，学会倾听非常重要。从心理学的角度讲，人都有倾诉的欲望，并渴望得到尊重。大多数人都喜欢善于聆听的人，当你愿意给对方一个倾诉的机会，让其将内心的话说出来，对方会感到愉悦，产生满足感。而他们会将这种满足感归因于和你的沟通，进而对你产生好感。

在向别人传递信息的同时，也要倾听别人的想法，这是一种尊重，也是沟通最基本的要求。在倾听的过程中，我们可以获取更多的真实信息，使沟通更加高效。

情商课堂

在大多数人的思维里，推销员只要能说会道，便能谈成生意。的确，对于推销员而言，沟通技巧十分重要，有时一句话便能决定销售的成败。可是，如果你想成为优秀的推销员，说话是一方面，更重要的是要学会听。

乔·吉拉德就曾吃过不懂倾听的亏，因为没有认真听客户的话，而损失了一单生意。某天，乔·吉拉德接待了一位客户，在他的介绍下，客户决定购买某款车。此时，乔·吉拉德的同事与他打招呼，接着，两人聊起了昨晚的篮球赛，相谈甚欢。乔·吉拉德等待着客户付款，可是，原本明确表示购买的客户却反悔了。这让乔·吉拉德很郁闷，当晚便给客户打了个电话。询问之后终于明白客户反悔的原因：客户曾与乔·吉拉德谈论起自己的小儿子，全家因小儿子考上了大学而欣喜不已。可是，面对客户愉悦的情绪，乔·吉拉德却无动于衷。此时的乔·吉拉德在做什么呢？没错，就是在与同事聊天。

“听”在销售中有着非常重要的作用，要想促成交易，会说只是基础，会听才是销售最好的方法。会听的推销员能获得客户更多的信任，会让客户有一种被关注与重视的感觉。

纵观那些成功者，他们大多谦逊有礼，在沟通过程中，静坐聆听，虽然言语不多，却受人尊重。会听的人是虚心的，善于从别人的话中捕捉有用的信息；会听的人会思考，更利于了解一个人。

走进一家店里，一位推销员正在给一位老太太介绍产品。或许年龄大了，话也多了，老太太东问西问，有些问题还与产品无关。我看着推销员，他并未有半点不耐烦，相反与老太太聊了起来。听老太太讲她调皮的孙子，讲她年轻时的一些趣事……最后老太太买下产品，高高兴兴地走出了门店。

在整个销售过程中，推销员并未说几句话，只是非常注意听老太太说话。可见，会听在沟通中也是非常重要的。

就销售而言，你要想与人合作，就要倾听对方的想法与需求，听出话外音，进而整合信息，双方达成一致。那些优秀的推销员，有些不善言辞，但会凝神静听客户的每一句话，因此成就了成功。

内容精要

一个合格的推销员，懂得适时闭嘴，用耳朵来销售，作为优秀的推销员，并非说得多好才能赢得客户，而是看你听了多少。一个积极、认真倾听的推销员，给予客户的是一种被重视的感觉，这样更容易获得客户的好感，对缓解紧张的交易气氛很有帮助。让客户毫无顾忌地说出自己的真实想法，也是销售的一种手段。

●**倾听获得心灵的交流。**随着社会竞争愈发激烈，越来越多的人疲于奔命，性情变得急躁，很难静下心来听人说话。对方还未说重点，就急于打断，然后说出自己的观点。他们想用自己的口才来凸显自己的能力。或许他的能力很强，但无法得到别人真正的认同，更无法达到心灵的沟通。长此以往，还会给人一种心胸狭窄、听不进别人意见的印象。那些成功人士则恰恰相反，他们善于聆听别人的意见，这让他们身边朋友众多。

●**让"听"卓有成效。**"听"要听得有技巧，不是客户在一旁说，你耳朵在听，心却不知跑哪儿去了。这样的态度客户是感觉得到的。这就是为什么，有的推销员明明也听了客户的话，可就是无法捕捉到有用信息的原因。而有的推销员则是带着真诚的心，在倾听过程中会常常问自己，"客户说这句话的意图是什么？"思考得多了，便能很快捕捉到客户的真实想法，此时，稍加说明，便能促成交易。

不同的客户有别沟通

开篇导读

在生活中，每个人都有属于自己的说话方式。有的人性格直爽，说话大大咧咧；有的人性格内向，说话斟字酌句……面对不同的人需要用不同的沟通方式，否则很容易引起对方的反感。

很多人将说话看成是一件再简单不过的事，的确，我们都会开口讲话，可谁又能做到面对不同的人采取不同的沟通方式，进而获得对方的好感吧？沟通是一门学问，时间、地点、人物等的不同都会对沟通造成影响。

面对不同的人，采用不同的沟通方式，会让你无往不利，成为受欢迎的人。

情商课堂

推销员每天要面对很多客户，客户量越大，意味着客户类型越多。不同的客户有着不同的特点，他们或风趣或沉默，或友好或漠视……怎么与这些客户周旋，并得到认可是很多推销员亟待解决的问题。很多人形容推销员都用这样一句话："见人说人话，见鬼说鬼话。"其实这也是事实，优秀的推销员懂得利用每位客户的性格特点、身份地位等进行区别沟通。

当然，值得注意的是，这并非让你成为一个油嘴滑舌的人，其出发点应该是满足客户需求。迎合客户的需求，对症下药，将话说到客户心里，我想，客户就没有不购买的理由了。

有些推销员虽然学习了很多销售技巧，却不懂如何运用。不管见到哪种客户都使用同样的套路，说着同样的话，做着同样的事，其结果就是，即便赋予了工作极大的热情，也收效甚微。

我曾见过一个推销员，是个热情大方的人。刚刚参加工作，对于销售工作还在摸索中。他约见了一位客户，在见面之前听老同事说，与客户见面不能冷场，要不断找话题。于是，在见到客户后，他绞尽脑汁东拉西扯，竟将客户逗得哈哈大笑。两个相谈甚欢，签单很顺利。

他觉得销售也不过如此，接下来面对第二个客户时，他完全复制上一次的销售技巧。看着坐在自己对面、不苟言笑的客户，他的笑话讲了一半就讲不下去了。他问客户问题，客户也是惜字如金。最后，客户说："我希望贵公司能派一个专业的推销员来谈此项目。"听着客户的话，他还试图挽回，但客户已经走了。

这位推销员遇到的是性格完全相反的两个客户，如果用同一种方法进行沟通，肯定会事倍功半。

人与人之间的沟通，不能照本宣科，对于不同的客户要采取不同的应对方法。因此，在见面之初，就要对客户进行大概的评估，了解客户的脾气秉性，这样才能让沟通发挥最佳效果。

内容精要

有人说："你想别人怎么对你，你就怎么对别人。"在销售行业，很多推销员也是这样做的，可往往达不到应有的效果。每个人的处理方式都不同，尤其是推销员与客户站在对立面，所考虑问题的方向也不同。推销员如果按照自己的方式去对待客户，有时会引起客户的反感。相反，推销员如果按照客户的方式对待客户，那么，便会赢得客户的认同。

●**情商促进沟通**。沟通时，推销员要学会顾及对方的感受，把握分寸，让对方放松的同时，使话题可以继续下去。很多成功人士，无论面对什么样的人都能使沟通达到最佳效果。这正是高情商的体现，高情商的人善于沟通，用恰当的方式方法去感染对方，攻心为上，获得对方的认可。

●**有效沟通促成交易**。销售的最终结果便是交易，而交易能否达成，主要看双方的沟通效果。就沟通而言，有些推销员能在三言两语间获得客户的认可，达成交易，而有些推销员滔滔不绝，却难以获得客户的好感。这便是沟通所起到的效果。

第十一章

销售攻心情商学

换位思考，想客户之所想

开篇导读

无论做什么事，我们都期望得到他人的理解。社会是个利益共同体，站在对方的立场去思考，对问题便有一个全面的认识，能够客观分析问题、解决问题。

为人处世，学会换位思考，运用同理心，就如同拥有了一把开启对方心门的钥匙，使沟通更加高效。

情商课堂

在销售行业，客户不购买的理由只有两个，他们对不购买的损失一无所知，或是他们对你不够信任，没有将内心真实的想法说出来。

作为推销员，你觉得你的客户不购买是什么原因？无论是什么原因，都与你所站的立场有关。当你站在客户角度去思考问题时，就很容易找到解决的办法。

无论是上门推销产品，还是门店营销，一买一卖，这种情形很常见，很多人也觉得没什么问题，这就是销售。时代更迭，产品种类琳琅满目，你以何种理由让客户非买你的产品？很多推销员都忽视了这个问题，他们只是被动的等客户上门，却没有想办法留住客户。

有一类推销员，只考虑自身利益，想着将提成高的产品推销给客户，也不管客户是否需要，更不会理会客户所承担的风险。如此销售，如何能打动客户？如何能留住客户？

我走进一家店，想要买钱包，推销员很热情，上下打量了我一下，便自顾目的给我推荐了一款钱包。“这是我们店里的新款，很适合您。您看这是鳄鱼皮的，里面的设计……”推销员介绍完，问我的意见。我看了一下价格，虽不是最贵的，但对我来说，这个价格还是比较贵的。放下钱包，走出了店面。

众所周知，推销员除了底薪之外，提成也是主要收入，因此，很多推销员为了能让自己的钱包鼓起来，便开始为客户推销那些所谓的新品。优秀的推销员往往能想客户之所想，因此赢得了忠诚的客户。

一位亲戚要买房，我陪同，走进售楼部，一位售楼小姐走过来。在售楼小姐的介绍下，亲戚有些心动了。亲戚说：“我如果付了钱降价了怎么办？”售楼小姐面带微笑地说：“您的担心我非常理解，我身边的很多朋友也常问我这个问题。其实买房与您在商场买东西是一样的，都想以最便宜的价格买到最好的东西。现在，我们的楼盘刚开，还有很多活动，而且，您现在买选择性大些，可供选择的楼层、户型很多，如果再等一些时间，可就不一定了……”

最终亲戚付了首付。这位推销员很聪明，她先是站在客户的立场，用同理心，认同客户的担心，鼓励客户此时购买，用“选择性大”为诱惑，让客户最终下定决心购买。

其实，推销员与客户之间的关系就如同农夫与牛，你越使劲拽，牛可能越不愿意动，牛脾气上来说不定还会踹你。可是，如果你拿一把青草，边走边喂，牛就会乖乖跟着你走。也就是说，要想让牛跟你走，你就要了解牛真正的需求是什么。因此，要想让客户购买，就要想客户之所想，达到客户的需求，交易自然会顺利。

内容精要

马克思说："我们每个人都是平等的，你只有用爱来交换爱，用信任来交换信任。"推销员只有用真诚才能赢得客户的信任，而表现真诚的方法就是换位思考。

●**让客户"自愿购买"**。很多时候，推销员在推销产品时都是三句话不离产品，这种推销方法并没有错，也确实取得了成绩。但最有效的销售应该是让客户自愿购买，而不是推销员强加给客户，让客户有一种"不买就对不起推销员"的想法。真正的销售高手，在推销过程中是很少谈及产品的。他们对客户非常了解，懂得换位思考，从中得到有利信息，运用在客户的关系维护上，让客户从心里认同产品。

用理解及包容的方式沟通

开篇导读

这是个快节奏的时代，随着人们生活压力的增大，一点小事就可能激起怒火，以至于到了一发不可收拾的地步。人与人之间的关系变得如履薄冰，一不小心就可能会触动了那根紧绷的弦。

当你抱怨别人不够理解你时，你是否站在别人的角度去考虑过问题？当你埋怨别人不好相处时，是否想过自身也存在问题？很多人就是这样，用近乎苛刻的规则来要求别人，自己却无法做到理解与包容。

人和人沟通，如果不顺畅，很可能是由于双方过于强势，但凡有一方能做到理解与包容，沟通气氛就会变得和谐、顺利。

情商课堂

作为推销员，在工作中难免会碰到一些强势、主观、不可理喻的客户，遇到这样的情况，你会怎么做？据理力争？不甘示弱？如果你选择这样做，你得到结果可能是赢了争论，失了客户。

作为一名优秀的推销员，在关键时刻要懂得示弱，站在客户的角度去理解他们，包容他们的一些小错误，这样才能使沟通继续，才能促成交易。理解与包容可以规避矛盾，而据理力争有时会使矛盾升级。

有一个推销员是某家公司的销售代表，工作兢兢业业，凭着自身的努力，在行业里也做出了一些成绩。两年前他签了一个大客户，两年里，合作一直很融洽。前不久，推销员接到通知，对方换了负责人。推销员还是按照以前的模式与新的负责人相处，本以为对方是个很好相处的人。可是，几次接触下来，推销员就有些吃不消了。这位负责人仗着年纪大，倚老卖老，推销员提出的建议，负责人都会反对。即便推销员按照负责人的要求将工作做完了，负责人也会从中挑刺儿，这让推销员感到很气愤。

在又一次的商讨中，负责人再次对推销员的建议提出了反对意见，推销员没忍住，大喊道："你到底有没有诚意合作？怎么老是针对我？"面对推销员的愤怒，负责人也有些摸不着头脑，说："我只是就事论事。"推销员依然不解气地说："这哪是就事论事，分明就是看我不顺眼。"就这样，两人你一句我一句，矛盾升级，到了剑拔弩张的地步。最后，合作到期后，负责人没有选择续约。

我们常说："忍一时风平浪静。"在与客户合作、沟通的过程中，客户总是会制造各种各样的问题，甚至会出现故意刁难的情况，如果一时克制不住自己的情绪，拍案而起，为争一时而拼得你死我活，这是作为推销员最愚蠢的行为。

情商高的推销员往往懂得变通，他们面对客户的反对意见，会予以理解，然后耐心解释。当客户意识到自己的意见被重视之后，也就不会一味地抓住某个点不放了。比如客户买东西，试来试去，还是没挑到满意的，有着包容心的推销员会面带笑容的说："您可以再试试这件。"一直试下去总会有满意，而且面对如此耐心的推销员，客户也会出于"内疚"心理而购买的。

每个人有每个人的处事方式，作为推销员，就要通晓客户的心理，迎合对方的做事风格，用理解与包容的方式去沟通，客户就会觉得受尊重。要知道，再暴躁的脾气也经不住"软棉花"的包裹。你的理解与包容会换来客户的态度的转变，沟通会变得默契。

作为推销员，智商再高，如果克制不住自己的情绪，被客户三言两语就激怒，或是对客户的挑剔不耐烦，是无法在销售行业取得成绩的。作为优秀的推销员，要懂得方圆处世，在与客户的沟通过程中，不能过于强势，对客户提出的异议，要给予理解，适时示弱，用恭谦的态度更能赢得客户的赞扬。

内容精要

要想成为一名优秀的推销员，首先要有一颗包容的心，因为你每天面对的客户都不同，而且不是每个客户都那么好说话，这就需要有极大的耐心去与客户沟通。当与客户意见相左时，不可急于争辩，而要站在客户的角度去理解、包容客户，那么，就能化干戈为玉帛，将矛盾抑制在摇篮里。

●**包容获得尊重**。作为推销员，会接触到不同性格的客户，我们需要满足客户这样或是那样的需求，在为客户提供服务的过程中，推销员要学会包容，包容客户的喜好、挑剔、风格……海纳百川，有容乃大，利用包容心可以接纳差异、融合差异，在解决矛盾的同时，也能获得客户的尊重。

●**包容创造良好业绩。**大千世界，无奇不有。客户购买时总有让你意想不到的建议与意见，你的不耐烦只会加剧矛盾。这也是为什么有的推销员虽然其貌不扬，不善言辞，却能在销售行业占有一席之地的原因，他们的包容心能容纳各类客户，凭着对顾客的理解与包容，他们赢得了客户，也创造了良好的业绩。反观一些推销员，面对客户的挑剔，只会耍小脾气，怎会有客户愿意购买？

有异议，带着情感去解决

开篇导读

每个人的成长环境，性格特征、思维方式等都有其独特性，因此，即便遇到同一个问题也会有不同的意见，如果强行使对方接受自己的意见，则有损和气，不利于接下来的沟通。

一个聪明的人在面对别人提出的异议时，不会强硬地与对方讲道理，而是带着情感去解决，理解至上，进而来获取对方的理解与支持。而一个不懂得变通的人面对别人的异议则采取强硬态度，非要说出一二三来证明自己。结果可想而知，证明了自己，却失了感情。

在面对问题时，应攻心为上，只有让对方在心里面认可，才能真正接受，才会省去后续麻烦，这就要看一个人的情商了。

情商课堂

作为推销员面对客户的异议是司空见惯的事了，评定一名推销员是否合格，除了有好口才，还要看其是否有能力处理客户的异议。在销售中，客户提出反对意见是非常常见的。面对客户的异议，你是懊恼、生气，还是积极解决，加强客户的信任感？

当客户将问题抛给你时，如果不能妥善处理，即便客户有意购买，也会因各种理由而拒绝。客户对你的信任是建立在你能为他解决问题的基础上的，试问一个什么问题都解决不了的推销员，客户如何去信任。

这是个很简单的道理。比如去商场买衣服，客户看中了一款裤子，可是，裤子上有点小瑕疵，而店里仅剩下这一条了。客户问你怎么办？

情商低的推销员或许会这样说："这点小问题不要紧的，店里就剩这一条了，没得换，我也没办法。"

而情商高的推销员则会说："看得出来您很喜欢这条裤子，但店里只剩这一条了。这点瑕疵配个腰带就看不出来了，要不这样吧，我免费送您一条腰带可以吗？"

面对客户的异议，如果不及时处理，态度不佳，都会阻碍成交。没有不挑剔的客户，大多数的客户面对要购买的产品，都想让产品接近完美，不管是质量、外观还是价格，都希望是值得的。所以，在购买过程中就会挑出一些毛病。面对这样的情况，就需要用情商去解决。

在面对客户的异议时，情商高的推销员不会与客户辩论，他们首先会认同客户的意见，然后陈述事实，用反问的方式来得到客户的认同。当然，认同不等于赞同，这里所指的认同是出于礼貌，让客户觉得你是理解他的，因为没有人愿意被说成是无理取闹的人。比如面对客户的异议可以说："你提的问题很专业，看来是研究过的。"认同之后便针对客户提出的意见作出回应，如果客户对产品产生质疑，可利用权威机构的认定来消除客户的疑虑。再比如客户觉得价格过高了，推销员可以说："我们产品价格与同行相比确实要高一些，同时，您可以注意一下，为了保证产品的效果，我们所提供的服务要比其他公司要多……"很多客户都是如此，只看到片面利益，而对整体利益不甚了解。

客户提出异议是很正常的现象，如果急于解释，就会给客户一种不被理解的感觉，还会让客户觉得你是在争论，这样环境下产生的后果不会太好。有时，推销员自己都不知道怎么回事就与客户争论起来了，这就是情商低的表现。推销员要时刻谨记，无论客户多么“无理取闹”，你都不能动怒也不能对客户的异议置之不理，让客户觉得受冷落了。在回答客户的异议时，态度要温和，以事实来说明问题，避其锋芒，以柔克刚，让沟通在和谐的气氛下完成。

内容精要

在销售业有这样一句话：“嫌货才是买货人。”客户之所以嫌货，说明他们已经对产品产生了兴趣，才会提出意见。此时千万不要以为客户在无理取闹，进而埋怨、指责客户，也无需担心无法应付。只要细心为客户解释，让客户有物超所值的感觉，便能达到交易。

●**异议是购买的前兆**。在销售业很少碰到不提出任何异议就购买的客户。试想一下，客户对产品不感兴趣，他会关心产品卖多少钱吗？会要求打折吗？所以，面对砍价的客户要认真对待，站在客户的角度去解释，让客户感受到诚意，便能水到渠成。

●**情商完美解决异议**。如果推销员完美解决了客户的异议，即便产品略有瑕疵，客户也会接受。为什么有些推销员虽然技巧性的东西掌握得不是太熟练，但在面对客户的异议时能获得客户的好感？而为什么有些推销员在处理异议的过程中常常会因为一言不和而衍生出更多的反对意见？这就是态度的问题，前者处理异议带着情感去的，给予了客户充分的尊重，而后者只是站在自己的立场，将自己的意愿强加在客户身上，让客户承认自己错了，这还如何留住客户？

“饥饿销售”沟通术

开篇导读

生活中，面对稀缺的东西人们都想占为己有。即便价格再高，也趋之若鹜。正如那些收藏家，对于各朝代的文物有着执着的追求。完美的东西不一定能吸引人，但稀缺的东西一定会引来众人围观、竞价。

这就好比将南方稀有的水果运到北方来卖，价格虽然贵，销量却非常好，甚至供不应求。再比如面对进口的产品，很多人都比较热衷，原因就在于稀缺。

在与人进行沟通时，如果吊着对方的胃口，激起对方的兴趣，那他就会按着你的思维走下去，沟通也就顺利多了。

情商课堂»

作为推销员，如何让客户快速接受自己的产品？很多推销员为此而苦恼，面对越来越挑剔的客户，推销员不能再用老套的销售手段来应对了。机械式的介绍会让客户觉得沉闷，缺少购买的欲望。

如果在整个沟通流程中，你表现得完美无缺，态度谦和，产品本身也没有问题，可是，客户就是下不了决定购买，那么，就要另寻出路了。

高情商的推销员在为客户进行介绍时，会适当地给客户一些压力，让客户觉得，此时不购买，等再想买的时候就没有了。正所谓：欲购从速。

有一次，陪朋友去看房，刚进售楼大厅，售楼小姐就走过来对朋友说：

"张先生，您来啦，我们的楼盘已经快售完了，您决定了吗？"

"恩，我再看看。"朋友说。

"好吧，不过您上次看的那套房昨天已经被人预定了哦。"

"不会吧，这么快。"朋友已经表现出紧张的情绪。

"是的，定金都交了。您这边请，我今天为您推荐另一款户型。"推销员将我们引领到一旁。此时另一位推销员走了过来说："你是要带客人去看 ×× 的房吗？那套房刚刚有人预定了。"听到这样的话，朋友更是坐不住了，急切地问道："你们的房子还有多少套？"推销员说："张先生，我们的房源真的不多了，三期还没开盘呢，来咨询的人都已经排队了，而且，我跟您说……"推销员故意压低声音，将朋友说得心里更没底了，思量片刻便交了订金。

很多人都有这样的体会，一个东西还有很多的时候，人们都不会想着去购买，但等哪天有人说，这件东西即将没有了，那人们便会蜂拥而至，抢购一空。在销售过程中，只要抓住客户的稀缺心理，让客户觉得这件产品是独特的，那便激起了客户的兴趣。比如说某件产品是限量生产，售完将不再生产，那么，客户就会觉得产品有升值空间，而且也能显示产品的与众不同。聪明的推销员会给客户制造出一种紧迫感，让客户做出马上购买的动作。当然，给客户所传递的信息应真实有效，否则失了诚信就得不偿失了。

内容精要

在销售行业有一种营销模式，叫饥饿销售，就是有意识的控制产品产量，以期达到产品畅销的目的。因此，推销员在与客户进行沟通时，就可以向客户透露这样的信息，让客户觉得过了这个村就没有这个店了，加快购买速度。有时候客户购买与否，就在于推销员的一句话，说到客户心坎里了，客户就会心甘情愿购买。

●**饥饿销售让产品更有竞争力**。众所周知，产品竞争力决定了销售业绩，如何提高产品的竞争力？关键在于提高产品的关注度，让客户觉得你的产品供不应求，那客户便会紧盯产品，抓紧购买。

●**稀缺才可贵**。观察那些在各个领域受欢迎的人，他们除了自己所擅长的领域外还有别人所不能及的技能。如演艺界的徐静蕾，除了演戏外，还能做导演，此外她还写得一手好书法，这些额外的特长让她更多了一份吸引力、竞争力。在销售行业，要将自己的产品推销出去，就要让自己的产品变得与众不同，以此来吸引客户购买。

第十二章

价格谈判情商学

投石问路，了解客户意图

开篇导读

生活中，每个人遇到事情所采取的态度都不同，而不同的态度也造就了不同的结果，在面对自己还不太了解的事，你会采取什么方法？

高情商者在面对不确定的事情时会采用迂回战术，先做试探，看事情的进展或当事人的反应，然后作出应对策略。这种方法能很快戳中问题的本质，在了解对方意图的情况下，对症下药，使问题得到圆满解决。

这就好比青年男女在表达爱意时一样，尤其对于较含蓄的中国人而言，太过于直接地要结果，是很难获得对方好感的。当遇到心仪的对象，直接说："你做我的女（男）朋友吧。"除非对方对你也有好感，不然会让对方产生轻浮的印象。如果采用"投石问路"的方法就会好很多，先取得对方的电话号码，对方愿意给便有进一步交往的可能……

情商课堂

在销售中，免不了要与客户进行谈判，在谈判过程中，双方要就某种意向达成一致，需要推销员在其中推波助澜。作为一名优秀的推销员，在不了解客户真实意图的情况下，

是不会随意亮底牌的。高情商的推销员会采取“投石问路”的方法，一步步引导客户，通过询问等方法来打探客户的虚实，从中了解客户的心理，以便作出正确的决策。

可是，有些推销员由于粗心怕客户流失，过早亮出自己的底牌，一旦客户拒绝，就没有了商量的余地。这就使他们处于一个很被动的局面。

有一个推销员从某种渠道了解到我朋友的公司要展开互联网推广。

推销员说：“上次拜访，了解到您的公司有意做互联网推广，所以，我回去后做了一个方案，要不您先看看。”

我朋友说：“好吧。”

推销员打开电脑后做了一通介绍，将方案的核心内容都介绍得很详细。

朋友听后说：“这个方案我们之前试过，效果不太明显。”

推销员说：“不是马上就要到国庆节了吗，到时可以做个促销活动……”

朋友说：“方案是不错，可是，成本太高了，我们公司规模不大，这样做得不偿失。”

推销员说：“这个价格已经不贵了，再说了，投入高，收入才高啊，再加上我们公司的影响力，相信一定可以回本的。”

朋友说：“你们公司的影响力确实挺大的，我们公司也曾想借助你们公司来搞推广，不过苦于没有好的契合点。而且，这么大的投资，我们也需要慎重考虑。这样吧，你回头帮我们留意一下适合我们公司的资源方案，到时再好好沟通。”

推销员说：“这样啊，那好吧，那以后再沟通。”

就这样一个机会没有了。很多推销员其实都在犯这样的错误，在了解客户真实意图的时候，过早将方案推荐给客户。他们觉得自己的方案十全十美，能满足各类客户的需求，能帮客户解决各类问题，以为只要将自己的优势展示出来，客户就会被吸引，就会买单，实则不然，在客户的眼里，这种销售行为目的性过强，容易让人心生反感。

举个简单的例子，就好比你现在非常渴，来了一位推销员，但他推荐的不是水，而是面包向你推，他一直在说自己的面包有多好吃，不添加防腐剂、色素……没等推销员说完，你肯定就会说你不需要面包。结果呢，推销员还在向你介绍他的面包很香、口感极佳……此时的你，内心是什么感受？

在没有了解客户需求的情况下，就推荐自己的产品，不但留不住客户，还会引起客户的反感。在销售过程中，需要推销员有意识地去认识客户，认识就需要了解，当你了解到客户的购买需求后，就会想应对的方法。在销售场上，要想了解客户，投石问路就是绝佳的方法。

就比如说我朋友的那个案例，如果换作是情商高的推销员就会这样说：“上次拜访，对咱们公司互联网这块的不足有了些了解，针对这一情况，今天，我特意来这边想与您沟通一下，看看有哪些是我们公司可以帮上忙的。”

如果朋友说：“这方面我们公司确实存在不足，你们在这方面可是专家，不知贵公司有什么好的资源推荐。”

推销员就可以说：“非常感谢您的信任，互联网这方面涉及面比较广，如果一个个为您介绍，这样可就耽误您太多时间了。因此，我想先了解一下咱们公司这边的相关信息，然后有针对性的进行推荐，这样才更有效率，可以吗？”

朋友说："可以。"

顺着这样的方向便能一步步了解客户的真正需求。

当进入到价格谈判时，客户觉得方案不错，但价格太高时，推销员可以说："谢谢您对我们方案的肯定，您觉得价格太高，也就是说这个价格超出了贵公司的预算是吗，不知贵公司准备投资多少呢？"

朋友说："你们的报价是70万，可是，我们的预算只有50万，价格差得太多。"

推销员说："这个我明白，关于价格的问题我们可以再沟通，回去我请示一下经理，合计一下解决办法，当然，我会尽量为贵公司争取的。"

……

了解到客户的底线后，便能掌握主动权，即便最后不是以70万成交，也会比50万多。用询问的方式，一步步让客户说出真实想法，便能无往不利。总之，推销员要学会先瞄准后射击，贸然行动，就打不中靶心，无法解决问题。

内容精要

在销售中，不是你掌握了多好的销售技巧就能成交的，面对的客户不同，就需要运用不同的方法应对。作为优秀的推销员，想要在谈判中占据主动权，就一定要先了解客户的意图。通过询问的方式，让客户说出心里话，才能一步步解决客户所担心的问题，问题解决了，成交也就顺理成章了。如果你走不进客户心里，哪怕你将产品夸得再好，客户也会无动于衷。

● **"石头"改变谈判节奏**。很多成功的推销员在与客户进行谈判时，不会被客户牵着鼻子走，最主要的原因在于，他们用投石问路的方法，率先知道了客户的真实意图，这样就能把控全局，加快谈判的节奏。当然，这颗“石头”要运用到位才能发挥最佳效果。

●**瞄准后打枪更准**。在销售中，“乱开枪”就是在浪费彼此的时间，有什么方法能快速成交呢？那就需要运用情商去打开客户的内心。就好比有的推销员与客户谈话不到十分钟就能签单，这归功于推销员的高情商，他们没有一上来就介绍产品，而是先询问客户想要什么样的产品，有针对性的推销，将范围缩小，客户就没有理由不购买了。而有些推销员则遇到客户就滔滔不绝介绍自己的产品有多好，面对推销员的热情，客户也是很无奈，因为他推销的产品不是自己想要的，抑或是自己想要，但有些方面不符合自己的要求，只是推销员没有注意到。

欲擒故纵，控制谈判节奏

开篇导读

《孙子兵法》中有讲到一计，便是欲擒故纵，顾名思义就是先故意放开，使对方放松戒备，然后捉住。欲擒故纵不仅适用于战场，现实生活中，越来越多的人运用欲擒故纵这一方法来达到自己的目的。

比如说追女孩，欲擒故纵就可以起到很好的作用。那些深沉大方、彬彬有礼的男人总是能得到女孩子的青睐，他们采取的态度就是既不放任也不纠缠。反观另一类男人，他们遇到心仪的女孩子便死缠烂打，而女孩对于穷追不舍的男人则是避之唯恐不及。

欲擒故纵就是吊着对方的胃口，把握好度，便能达到自己的目的。当然，如果节奏控制不好，也会被认为是高傲，得不偿失。

情商课堂

在销售行业，很多推销员一见客户便表现出极强的成交心理，步步紧逼，而这种心理让客户本就没有信任基础的情感更加排斥。有的推销员看似很会说话，与任何客户都能“聊两句”，最后却发现，实际客户并不多。

这类推销员其实是情商欠佳，没有把握客户的内心，对于谈判技巧的节奏控制欠妥，因此，错失了客户。

这类推销员面对客户，他们极力游说，说产品怎么怎么好，怎么怎么实惠，那种热切的表情很容易让人产生抵触情绪。

我去超市买东西，走到某柜台，一位推销员便走了过来，他拿起某产品就对我说："这个产品销量很好的，他的成分是……很安全，我自己也在用……而且今天做活动，明天就恢复原价了，如果你现在买的话我还可以送些小礼品，我跟你说，你就买这个，绝对不会错的……"

这种销售方式如果对于爱贪小便宜的人或许适用，但对于真正的客户却不适用，甚至会让客户有一种"这产品是不是滞销品"的心理，结果便是，你越让客户买，客户越是不买。正所谓，欲速则不达。在销售过程中，与客户进行沟通时，要想让客户主动购买，切不可操之过急。

在与客户进行沟通时，免不了针对价格而展开讨论，客户永远会觉得自己买的产品贵了。面对这类客户，推销员要有"随时转身离开"的准备，让客户有一种"过了这个村就没有这个店"的感觉，那么，客户即便觉得贵也会掏钱购买。

客户A：别的品牌的产品价格要比你们低很多呀，你能再优惠点吗?

推销员：如果您希望我们所提供的服务也降价的话，那么，我们是不会怪您买他们的产品的。

客户B：你们所提供的方案不错，但报价太高了。

推销员：感谢您对我们工作的肯定，这样可以吗？我回去后与经理再评估一下，应该将哪些内容去除，以便符合您的预算。

面对客户提出的异议，推销员首先要控制住自己的情感，大胆运用欲擒故纵的策略，给客户一种“要买就买，不买也没关系”的感觉，以此来控制整个谈判的节奏。要想留住客户，并非要一味地游说，这样反而会激发客户的抵触情绪。相反，适时放任，说不定会有事半功倍的效果。

内容精要

●**逼则反兵，走则减势。**紧随勿迫，累其气力，消其斗志，散而后擒，兵不血刃。孙子兵法中讲道，欲擒敌人，不要将其逼得太紧，以减弱敌人气势为目的，消耗敌人的斗志，待敌人意志消沉时，再捕捉，便能手到擒来。在销售行业亦如此，在谈判过程中，对客户步步紧逼，只会招致客户的反感。要想获得客户的认可，不妨故作离开。

●**欲擒故纵，实现双赢。**欲擒故纵的运用得当便能达到双赢的局面，谈判双方，哪一方表现得急切，哪一方就容易让步。在与客户进行谈判时，不可过于急躁，巧妙使用语言来控制整个局面，让客户感受不到你的紧张与急切，便能赢得主动权，达成交易。

有效保证，去除客户疑虑

开篇导读

人与人之间的相处，贵在真诚，当你作出了承诺，就要实现，有效的保证才能获得信任，否则保证就没有意义了，久而久之，你也成为了不守承诺的人，无人再愿意相信你。

无论是生活还是工作中，有效地保证，都能起到安定人心的作用。

情商课堂

当销售工作进入到价格谈判时，通常情况下，客户已经有了购买意图，如果客户还是犹豫不决，心存疑虑，推销员不妨对客户作出有效的保证，以此来去除客户的疑虑。

其实，在购买过程中，客户也有一种想要得到保证的心理，保证所购买的产品质量是没问题的，保证买回去后不会后悔……没有人愿意做赔本的生意，客户需要保证与承诺。

作为消费者，对于保修卡不会陌生，现如今，我们去买东西，里面大都会附上一张保修卡，推销员也会承诺几天包退、几天包换、几年保修……这样的保证如果兑现便是有效保证，如果兑现不了，就会失了客户的信任。给客户作出保证不是随口的一句话，而是在成交的基础上，给客户作出有效承诺，必须保证真实有效，否则，即便客户购买了，后续也会产生很多麻烦。

有些推销员对于“保证”根本不放在心上，为了让客户购买，随意作出保证，有意将附加值夸大，结果害人害己。

家里新购置了一台空调，当时推销员的服务态度很好，再三对比后便购买了。购买的理由之一便是，推销员承诺第二天送货上门，当即安装。

到了第二天，一直没等到送货的人，打电话确认，推销员说这几天是空调销售的高峰期，现在送货的师傅都出去送货了，让我再等等，送货师傅一回来就给我送货。结果等了一天也没送过来。第二天，气愤之下，又打了推销员的电话，推销员说：“送货师傅已经在路上了，应该马上送到。”本来保证送货时安装的，可送货师傅将空调卸下来后便走了。打电话质问，推销员说，马上安排人安装……一系列的问题下来，让我对这家品牌已经失去了信心。

作为一名优秀的推销员，你的保证便代表了企业的形象，随意承诺，有损企业形象，不利于销售。有效保证是成交的基础，要使谈判更顺利，就要给客户提供一定的心理保障，让客户放心购买。那些优秀的推销员，面对客户的质疑，通常会这样说：“您完全可以放心，您是我的客户，所有后续手续都经由我来操作、负责，以后您有任何关于产品的问题都可以问我，我已经在这家公司工作近十年了，很多客户都是回头客……”

对客户作出的保证不能是空话，这样才能获得客户的信任，从某种意义上来讲，销售产品就是在销售承诺，客户最终购买，皆是因为对推销员的信任。因此，保证在销售中意义非凡。客户对产品的要求是基础，越来越多的客户开始在意附加值，即售后服务，比如产品的送达与安装、售后保障、优惠活动……

有这样一类推销员，在与客户进行谈判时，一步步消除客户所担心的问题，最终达成交易。

客户："你们产品是挺不错，不过，这是新品，不知道市场如何，万一我进了货，销不出去怎么办？"

推销员："您担心的问题，我很理解，我们公司针对这方面有具体的措施。对于新品，如果有积压，我们公司会无条件回收，保证客户的利益。"

客户："我们是小本经营，达不到你的进货量。"

推销员："这个您不用担心，我们公司会分为两个等级，前期可以选择第二等级，后期销量好可以再升级。我们公司也会派专业指导员来为您指导如何铺货，如何为客户介绍……"

推销员："那我就先试试第二等级吧。"

王牌推销员都懂得运用"保证"的方法来去除客户的疑虑，让沟通更有说服力。试想一下，推销员信誓旦旦给客户承诺某种利益时，客户还会无动于衷吗？当然，这里所指的保证，一定是真实的。否则会得不偿失。

内容精要

每一位推销员都希望留住客户，与客户进行谈判，就是斗智斗勇的过程，情商高的推销员，懂得把握客户的心理，一步步化解客户的担心。当后顾之忧去除后，成交便是板上钉钉的事了。

●**情商提供保证。**情商高的推销员能正确地运用保证，那些成功的推销员会信守自己的承诺，即便是离职，也会将后续工作交代好，保证客户的利益。这也是为什么有的推销员转行了，也能与客户保持良好关系的原因。

●**保证决定成交。**销售的最终目的就是成交，运用什么方法才能让客户下决心购买？关键在于让客户所担心的问题都不成问题，那么客户就没有不购买的理由了。为客户提供有效保证，实事求是，不胡乱承诺，便能得到客户的信任，达成交易。

谈判失败，情商也要在

开篇导读

人与人之间的交流并不是每一次都那么顺利的，如果出现状况，沟通不顺畅，你会怎么办?

聪明的人会一笑了之，传递自己的友好，可以另寻时机获得再次沟通的机会。而愚笨的人则怒目相对，使关系更加僵化。

有的人在面对别人的拒绝时，没有愤怒，没有谩骂，他们心平气和的接受结果，并对对方表示感谢。而有的人面对别人的拒绝，伤心欲绝，觉得全世界都对不起自己，然后将所有的不满都发泄在拒绝者身上。

这就是一个人情商的问题，在沟通过程中，被拒绝是难免的，哪怕你智商再高，也不可能获得所有人的喜欢，因此，面对拒绝，发挥自己的情商，才能使事情不恶化，达到和谐的局面。

情商课堂

作为消费者，相信都会遇到这样的问题，在某店里逛了半天，没有发现心仪的东西，便觉得不买了，抬头一看推销员满脸冷漠，似乎自己不购买就犯了多大的罪一样。

家里的厨柜要更换了，去选购厨具。来到一家品牌店，推销员很热情地接待了我，他为我介绍了很多不同材质的产品。

“这是今天最流行的装修风格，从结构、风格、质量上来讲都非常好，而且颜色选择空间大……还有这款……”推销员介绍了很多，我听完后，还是觉得与自己想象的有出入，便决定再看看。

“我需要再看看，有需要的话再过来。”

我说完，推销员马上就变脸了，收起桌上的资料，态度冷漠地说：“那你就再看看吧。”

面对推销员这样的态度，我也没多做停留，便走了。

客户购买便笑脸相迎，不购买就苦大仇深，这样的情商如何做好销售？即便学习了销售知识又有什么用呢？客户需要的不是专业讲解员，而是一个能从情感上得到享受的朋友。

正所谓“买卖不成，仁义在”，良好的感情基础可以为下次的销售做铺垫，让客户有一种对不起你的感觉，当下次有需要时，便会第一个想到你。

即便高情商的推销员没有说服客户购买，也不会恼羞成怒，而是有礼有节，感谢客户，期待下次合作，他们诚恳谦逊的态度赢得了客户的好感。

有一位推销员，获得了约见客户的机会，他做了很多准备，以期待谈判成功，谈判过程很顺利，客户对推销员的印象也不错。

本以为胜利在望，没想到半路杀出了个“程咬金”，因为某些原因，客户选择了与竞争对手签合同。最后约见时，客户也表达了自己的歉意。在获得原因后，推销员说：“非常感谢这段时间您能在百忙之中抽出时间接待我，与您的一番交谈，我也是受益良多，期待有机会可以再向您请教。”

推销员的话不会让客户觉得是在恭维，反而让客户产生更深的歉意。

于是，在又一个项目开启时，客户第一时间想到了这位推销员，经过交谈，这次项目达成了合作意向。

在销售工作中，不可能每一次谈判都成功，成功的推销员仰仗的不是自己的智商，要知道，再聪明的人也不可能说服所有不同类型的客户。他们的成功在于，即便失败了，也不伤和气，与每一位客户建立友好的关系，便能为下一次销售打下基础。

内容精要

谈判没有一蹴而就的，尤其是大的商务谈判，即便准备充分，也有失败的可能。一个人如果接受不了自己的失败，就会被失败所蒙蔽，将不良情绪强加给别人，于人于己都不是好事。在销售行业，谈判失败是常有的事，只有提升自己的情商，面对失败才会坦然，给对方留下好印象，为下一次的合作赢得机会。

●**情商高走出失败迷雾**。推销员的优秀与否与首次谈判的结果关系不大，主要看你如何与客户建立良好的关系。高情商的推销员即便面对谈判失败，也能与客户保持良好的关系，给客户留下好印象，正所谓，生意不成仁义在。

●**失败也是开始**。人与人之间的相处，一开始都存在障碍，尤其是销售行业，每个人都会带着面具，不会轻易让你窥见面具之下的真容。所以，初见沟通难免不顺。即便通过努力，有了一定的情感基础，也不一定能取得成功。面对这样的情况，你如何做？对对方不满？后悔自己付出太多精力？这样的情绪之下，连最后成功的机会都会没有。情商高的人面对这样的情况会安慰自己，没什么大不了的，握手告别，抑或是不后悔自己的付出，觉得自己应该还可以更好一些，于是，决定再寻机会试试，感谢对方，期待下次见面。因此，失败也是成功者的开始。

第五节课

团队管理，做一个优秀的销售领队

作为一个推销员，也许你已经很成功，但如果给你一个销售团队，你该怎么做才能推动整个团队的进步呢？情商的修炼不仅仅是针对个人，如何管理好团队，团队领袖的情商也至关重要。

第十三章

销售领队与情商

火车的快慢决定于车头速度

开篇导读

现如今的社会，任何单位、企业、公司，都是以团队形式存在的，而在这个团队里，如何将性格不同、处事态度不同的人凝聚在一起？那就要看领队的力量了。正所谓：火车跑得快，全靠车头带。作为团队的领头羊、掌舵人，最主要的目的就是提高团队绩效。

领队是一个承上启下的存在，不能高于团队，更不能置身于团队之外，同时也需要有一定的眼光。只有出色的领队才能带出出色的团队，而出色的团队才能创造良好的成绩。

那么，什么样的领队才能带出一支强而有力的团队呢？可以让团队这趟列车在铁轨上迎风前行？在这里，领队的情商非常重要。

情商课堂»

作为一名优秀的领队，他能点燃团队的热情，使团队中的每个人都处于最佳状态。当一个领队打算制订新的营销策略时，成功与否完全取决于自身的做事风格。本以为一切准备就绪，实施起来会很顺利。可是，团队成员无精打采，拖拖拉拉的态度，让工作进度远远落后于预期。

如果你因此而苦恼，不妨看看自己是否解决了最根本的问题。在实施某项计划时，作为领队，你是否正确引导了成员的情感。如果没有，那结果肯定不尽人意。

一个领队根据上级要求，制订了下个季度的销售计划。在会议上，领队将自己的计划一一呈现出来，听着领队有些“强人所难”的计划，一些大胆的成员说：“这根本完不成。”

听到这样的话，领队说：“怎么完不成？××公司去年的销售额是我们的3倍，人家能做到，我们为什么就不能？而且，这是上面的命令……”接着领队又说了一些自己的想法与具体做法。会议结束前，领队说了一些鼓励的话，然后就走出了会议室。工作按照计划展开，在下属顶着烈日拜访客户的时候，领队却吹着空调，在上网玩游戏。如果下属没有说服客户，回公司一定会遭到领队的数落。在下属因事请假时，领队会以“正忙”为由拒绝批假……

不可否认，领队的能力还是有的，工作安排得井然有序，每个人都在自己擅长的岗位上工作。计划实施一段时间后，领队的谩骂声传遍了整个会议室。按照计划，原本应该达到的销售额，却连一半都没有触及。

这位销售领队使整个团队的气氛变得紧张而漫长，下属会因此变得越来越沉默，每个人为求“自保”，都会放慢脚步。不求有功，只求无过。

反观另一类销售领队，在与下属进行谈话时，更注重下属的梦想、目标及期望，在长期的深入谈话中，他了解了每位队员的心理、优缺点，然后有针对地分配工作，发挥每位队员的特长，实现自我价值。当然，他们在激发队员工作积极性的同时，不会让队员觉得指手画脚或受控制。优秀的领队在增强员工能力的同时，还能使其高效地完成工作。换句话说，即便是周末加班，队员也不会有怨言。

总而言之，销售工作需要的是一群充满活力、精神饱满的人，在这个竞争激烈的市场，慢一步就有可能失去先机，而推销员的激情与效率需要销售领队去点燃。

内容精要

我们都坐过火车，当车头的速度放慢时，坐在车身的你再急也无济于事。对于销售行业而言，如果一个团队总是行动缓慢，被对手抢占先机，那领队就需要考虑一下自身的原因。作为销售领队，即便有着过人的销售能力，能三言两语谈下一个大客户，可是，如果管理不好团队，团队成员无法获得客户的认可，进而影响销售业绩，那也不能算成功。

●**领队加速，队员加速。**领队的情商决定了队员的工作效率，那些成功的领队即便没有过人的销售能力，但其所领导的团队却业绩惊人。最主要的原因就是他们善于管理，在保持自身效率的同时，督促队员的工作效率。

●**速度提升绩效。**销售行业的机会稍纵即逝，如果领队没有把握先机的眼光，那么，队员的工作能力再强也没用。要想提升队员的工作效率，首先自身的效率得上去。为什么有的领队交代下来任务后，队员总是拖拖拉拉，推三阻四？有时候，领队只要看看自己的工作效率就能找到原因。

情商决定领导效果

开篇导读

作为领导者，如果所制订的计划与结果出入较大，那么，就要反省自己的领导风格是否适用于队员。队员之所以工作没激情，感到困扰，很大一部分原因就是领导固守一种领导风格，情商太低，不懂得如何与队员沟通，使得领导效果无法达到预期。

情商课堂»

推销员的跳槽率是非常高的，有人曾做过调查，大多数的推销员跳槽是因为碰到了糟糕的上司。因为无法忍受上司的做事风格、说话态度等，而选择放弃工作。很多企业对于推销员的需求都非常大，当可供选择的工作很多，且待遇相等的时候，人们为什么要去听命于一个糟糕的上司呢？

某位销售领队有着很强的工作能力，上任以来，业绩有了明显的提高。可是，随着了解的深入，下属对于这位销售领队的做事风格越来越不适应。销售领队对自我有着严格的要求，对于不完美的事物会感到焦虑。比如一份策划案，如果达不到要求，他会要求下属连夜加班，第二天早上必须看到修改过后的策划案，即便这份策划案没有想象中的那么急。公司开季度会议，如果业绩还没达到标准，那份无力感、愤怒情绪会直接表现出来。

最让下属觉得头疼的是，这位领队非常喜欢找下属谈心，用他的话说就是要了解下属的动态、心理。可是，这样的谈话并没有起到积极作用。谈话中，领队总在有意无意地打击下属，让下属感到沮丧、痛苦、烦躁、厌恶……与工作压力相比，这样的谈话更让下属受不了。

久而久之，下属工作的积极性变低了，即便领队发脾气、催促，下属依然提不起工作兴致，就这样，销售业绩一路下滑。

人们的工作状态往往会受到情绪的影响，而属下情绪的好坏又常与领队有着密不可分的关系。

我们都知道，积极乐观的推销员会获得顾客的认可，提升顾客的满意度，而顾客的满意度与企业的业绩息息相关。顾客在选择产品时，推销员的情感波动直接影响交易结果。换句话说，即便你的产品很好，但你的“坏脾气”会毁了交易。有研究表明，推销员的情感波动会受领导力的影响，就零售商店而言，如果店长创造出来的氛围是积极乐观的，推销员就会被这种情绪所影响，进而为顾客提供最优质的服务，以此来提升业绩。

因此，领队在埋怨推销员没有激情，工作效率不高的时候，看看自身是否存在同样的问题。

我们都知道，人都有从众与跟风的心理，就如“羊群效应”一般，散乱的羊群组织，横冲直撞，此时，出现了一只领头羊，然后羊群便随之一哄而上，即便前面有狼也无所顾忌。很多时候，销售领队就充当着“领头羊”的作用。可是，需要注意的是，销售领队如果采取的行动是非理性的，那么，只会使团队陷入危险之中。相反，如果是奔着“嫩草”而去的，相信羊群会非常乐意。

优秀的领队会在情感上与队员产生共鸣，进而促进工作。某销售团队的策划方案在实施过程中遇到了前所未有的冲击，上级商讨着是否将这个项目停掉。领队开完高层会议后，与队员进行了短暂的谈话。他向队员详细说明了整个过程，并询问大家，有什么方法可以补救。如果继续亏损，不得已便会停掉项目。他静静听着大家的发言，最后，在大家的集思广益下还是没保住这个项目。面对这样的局面，队员虽然有些不甘心，但理解这么做的原因，因此，并没有什么怨言，也没有因此而放慢工作的脚步，继续全身心投入到下一个工作中。

这位领队会认真听取每一位队员所提出的意见，即便是在反馈很棘手的事，他仍会耐心听完，这使得队员们可以畅所欲言，对于沟通非常有利，这让他获得很多重要的信息，领队与队员之间是需要坦诚公开的，这样再困难的问题也能得到解决。

内容精要

要使团队达到一个高度，下达的命令能高效完成，领导者的感召力特别重要。领队的号召力可使员工处于一种兴奋状态，出于一种使命感，他们会显示出远远高出自身水平的能力。一个懂得鼓舞士气的领队，一定能使团队达到预定的目标。

●**情商影响领导效果。**任何事情的发生、发展，都会因为实施者的态度而有所改变。在销售领域，优秀的领队能得到所有人的支持，他们身上有着强大的吸引力、感染力，队员会不自觉地被影响，这就是情商高的表现。

●**领导效果决定销售业绩。**一个团队是否能创造价值，领导者领导力起着十分关键的作用。当队员各司其职，便能使一项项工作得到圆满完成。反之，如果领导效果不佳，就会使销售业绩受到影响。

领队情商对推销员的影响

开篇导读

团队生活中，成员在无形中都会受领队的影响，如果领队传递出来的是积极的情绪，成员就能从中得到力量，在面对困难时也能以超强毅力完成任务。

优秀的领队即便心情再不好也不会将气撒在下属身上，即便下属做错了，也能让下属意识到错误的同时，创造出更大的价值。而业绩一般的领队即便心情好的时候也会挑下属的毛病，下属一个小小的错误，都能说教一个小时，结果下属不仅没意识到自己错了，之后的工作也变得懒散、敷衍。造成这两种结果的原因是什么?

这便是领队情商所造成的影响，情商的高低直接影响着下属的情绪及工作态度。

情商课堂

作为优秀的领队，能对下属产生正面的影响。如果领队传递出来的是积极的情感，那么，下属所表现出来的也是积极的情绪。作为团队的核心人物，领队对推销员的影响是巨大的，在很多情况下，团队里的人都会无意识关注领导者，领导的态度会对直属员工的情绪造成影响。领队所表现出来的细微情感，下属都是能感觉得到的，并受其影响。

纵观那些优秀的领队，他们情商都很高，如情感磁铁一般，下属自觉被其吸引、影响。他们所散发出来的积极情绪也让下属觉得工作是一种享受。反之，那些动不动就发脾气，冷漠傲慢的领队则让下属不愿靠近。

有些领队在管理时觉得情绪是自己的，自己只是对事不对人，亦或者自己只是生闷气，不会对他人造成影响。于是，在下属汇报工作时会因为自身不愉快而摆着一副“臭脸”。

某团队因上个月销售业绩没达标，正在召开会议。整个会议室被一股低气压所笼罩，领队双手环胸，坐在会议桌前。整整五分钟，没有一个人说话。

“谁能告诉我这是怎么回事？”领队的声音响起，同时一叠资料被扔在了会议桌上。

“这就是你们忙活一个月的结果？看来我对你们太宽容了，你们知道刚才经理怎么说我们的吗？你们知道隔壁组怎么笑话你们的吗？”领队的声音再次响起。

整个会议几乎成了领队的发泄场地，他将每位员工上个月的表现一一说了出来。之前睁一只眼闭一只眼过了的事情，此时也拿出来说。下属的内心愈发愤怒，甚至是怨恨。终于，一位下属忍受不了这样的领队，拍桌子走人了。

团队协作，有成功就会有失败，失败并不是某个人的错，而是整个团队的问题，特别是领队要承担主要责任。如果一出问题，就把责任推到下属身上，控制不住自己的愤怒、焦躁，这种不良的情绪会直接影响到下属的情绪，让整个团队陷入不良的气氛中，形成恶性循环。

作为优秀的领队，首先在情感上要与下属产生共鸣。上面案例中的领队，对下属的情绪视而不见，图一时之快而发泄着自己的情绪，这使得本就因业绩不佳而情绪低落、沮丧的下属更加不安、烦燥，以至于到了拍案而起的地步。

如果换成另一种说法，结果会大不相同。

走进会议室的领队，看着低头沉默不语的下属，深吸一口气，拍掌唤起下属的注意力。

他说："我知道你们心里不舒服，我跟你们一样。可是，你们并没有做错什么，销售行业本就是这样，充满了无限可能，你们当初选择做销售不就是因为它充满挑战吗……来，让我们一起讨论一下该如何打一个漂亮的翻身仗。"

说完，下属士气大涨，摩拳擦掌想要证明自己。快速完成方案，全身心地投入到工作中，这样的气势，这样的激情，是领队所赋予，所影响的。

领队在传递类似的坏消息时，语气与情绪非常重要，直接影响下属的情绪，进而影响工作热情，使销售业绩也受到影响。使用情商领导团队，会让下属感受到情感的慰藉，他们乐于分享自己的观点，在相互学习、共同努力下，将团队建设得更好。这样一支团队，维系关系的是情感，会因为共同完成了某项任务而欣喜若狂，这种情感的分享，让他们更愿意去努力工作。

当一个领队无法与下属产生共鸣时，下属的态度就会变得敷衍，不仅仅是对领队本人，对于工作也是持“差不多就行”的态度，无法表现出最佳状态。当领队缺乏积极的情感时，对下属的影响也是致命的，单纯的管理并不是领导，真正的领导应该具有同理心，懂得如何激发团队的积极情感。

内容精要

有人曾对多家公司的高管做出了关于智商、情商与工作之间的关系的测试，结果显示，情商对工作的影响是智商的9倍。简言之，一个人如果智商一般，但情商指数高，也容易取得成功。

随着人们生活压力的增加，在这个复杂的社会，人们越来越显得力不从心，激烈的竞争、复杂的人际关系……如果仅仅靠智商是无法应对的，须要借助情商来完善。一个管理者的成功，取决于团队成员的成功。情商的培养可以提高一个人的影响力、吸引力，使团队处于和谐的氛围里，工作效率会得到大大提高。

●**领队情商影响推销员情绪**。很多成功的领队都有着较强的自我意识。他们的热情、严谨、风度直接影响着推销员的情绪，即便是处理最糟糕的事，也不会随意发脾气或是抱怨。真正优秀的领队能够站在下属的立场思考问题，用积极的情感去影响推销员。

●**推销员情绪决定销售结果。**一个人的情绪直接影响事态的发展，对于一名推销员而言，情绪会在一定程度上受到领队的影响。这是一种连锁反应。有些推销员在受到上司批评后，其工作热情是会大大降低的。领队在处理问题时所采取的态度直接影响推销员的情绪，而推销员的情绪决定着销售结果。

第十四章

用情商领导你的团队

永远保持自己的权威性

开篇导读

俗话说："将帅无能，累死三军。"作为团队领导，只注重权力，而没有权威，将无法在团队里获得支持。真正成功的领队，有着超强的领导能力，不仅能得到上级的赏识，还能获得下属的拥戴。

真正的领导应该具有一定的权威性，在工作中有一呼百应的能力，队员会对你的决定心悦诚服。

情商课堂

作为销售领队，很多人都有这样的苦恼：既想保持友好，又想做到公正。在这个人情社会，人人都懂得拉关系，作为领队，也要与队员维持友好。

有的领队"心太软"，非常照顾队员的情绪，一句重话都不敢说，想要以此来维持团队和谐。殊不知，这样过于友好，便失了作为领队的权威。当领队完全偏向于情感时，工作是很难开展的。

有这样一类销售领队，他们非常注重与队员之间的相处，也渴望走进队员心里，但因为担心队员会不喜欢自己，便会有意回避冲突。久而久之，他们在队员心目中的地位越来越低，没有人愿意听他们的指令。

有一位销售领队，期望与队员之间建立一种和谐的气氛，于是，在与队员相处过程中，他便放下领导的架子，与队员如朋友一样打成一片，这在一定程度上，改善了工作氛围。可是，时间久了，问题便出来了。

这位销售领队在给队员交代工作时，即便是很严肃的问题，双方也是嬉皮笑脸，工作效率也在无形中放慢了。而且队员一点也不担心完不成工作会挨骂，因为领队很好说话，那些看似不是理由的借口，领队都会“笑纳”。在这里，似乎没有分清谁是领队，谁是队员。

销售领队的权威性对于整个团队有着至关重要的作用，这就是为什么，同样一句话，不同的人说出来会有完全不同的结果。有的领队能达到一言九鼎的效果，而有的领队说出的话则一文不值。作为领队应该有管理者的认知，即便想与队员保持友好的关系，也应分清场合。但凡成功者，既能与下属很好的相处又在一定程度上保持了自己的权威性。

我曾见过一位成功的销售领队，私下里与下属关系极好，常常一起聚餐、出游，可是，面对工作却一丝不苟，即便面对关系非常好的同事，如果做错了事，也会提出批评。这样公平、公正对待每个人，使得他在团队里有着极高的威望。团队整体的工作效率非常高，每个人都积极投身自己的工作中，对于领队的话深信不疑。

权威不代表权力，权力只是表面的东西，权威是内心驱动力，可以赢得下属的信任。当一个领队只看重权力时，就会忽略与下属的情感联系。过多使用支配性的语言，只会让下属心存不满，失去工作热情。相反，如果只注重情感联系，面对下属的过错也“不忍”批评，便会使下属变得“没大没小”，对于交代下来的工作推三阻四，降低了团队的工作效率。

真正优秀的销售领队懂得权衡两者之间的关系，与下属建立平衡的关系，用理解、友好、严谨……这些正面的情绪去影响下属。

内容精要

随着人们自我意识的提高，从事销售行业的人，其知识层面较之以往有了很大的提高，这些知识型的下属会让领队很头疼。这就需要领队保持绝对的权威，而权威的建立离不开情商，一个情商高的销售领队，即便是管理比自己学历高的下属也游刃有余。

●**情商建立权威。**一个成功的销售领队在团队中一定有着非常高的威信，在处理问题时，可以做到言出必行，用人格魅力去征服下属，让下属从内心感到叹服。权威的建立可以促进工作的高效完成，可以正确带领下属实现自身价值。

●**权威性促进合作。**销售工作是需要团队协作才能完成的，团队所创造出的价值才更有意义。团队之间的合作是否和谐取决于销售领队。要想成为优秀的销售领队，要想驾驭下属，那就必须建立自己的权威性，使合作更加流畅。有些销售领队能获得下属无条件的支持，即便没有加班费也愿意加班至深夜；即便没有监督，队员也能自觉完成工作……而有些销售领队则刚好相反。一流的领队，无时无刻都用自己的人格魅力去影响队员，处处展现出来的权威性在无形中激发了队员的工作热情，创造佳绩。

多点沟通，少点独裁

开篇导读

生活中，人与人之间的沟通如果是单方面的，那便达不到沟通的目的。如果想要让对方听你的，不是靠嘴巴说说而已，情感上不能认同，即便你的观点正确，对方也会“装聋作哑”。

很多团队的领导会犯一个毛病——“我的部门，我做主”。虽然这种心态不卑不亢，但“爱谁谁”的态度会阻断沟通渠道，影响团队工作效率。

情商课堂

作为一名优秀的领队，也许你能制订出完美的方案，对于自己的一切都非常自信，可是，你所创造的价值却不尽如人意，这是为何？情商的高低决定了你是善于沟通者还是独裁者。

没有任何人的成功是完全靠自己的，这是个群体社会，你所做的事都需要一定的外力支撑。在一个团队里，领队的智商再高，如果只是独来独往，只会发号施令，不懂得团队协作的重要性，团队的销售业绩也很难提升。

有这样一类销售领队，他们或许是因为业绩非常突出而被提升为销售领队，对于业绩数字他们有着非常执着的追求。面对队员“懒散”的工作态度，他会毫不留情的批评，对于队员提出的建议，他却视而不见，然后给出自己的方案。“照我说的做就行！”这是他常挂在嘴边的话。他随时随地都有可能发泄他的坏情绪，久而久之，队员有什么新发现、新方案都不敢再告诉他了。在队员心里觉得，即便报告了也无济于事，招来的不是全盘否定就是冷嘲热讽。没过多久，很多优秀的推销员都选择了跳槽。

这样的情况在销售行业并不少见，这类领导风格最大的弊端就在于，工作效率直线下降。试想一下，在一个随时随地都有可能发脾气的领队手下做事，整日提心吊胆的工作，何来效率？这类领队常会给人一种冷酷、心胸狭窄的感觉，他们需要的是队员完全服从，下达的命令没有反驳的余地，这便使得工作中出现很多问题。

在团队协作中，领队与队员之间的沟通特别重要，只有交流、沟通，才能产生共鸣，而只有共鸣感才能使工作更好地完成。独裁者或许能在某一时刻征服队员，赢得短期的成绩，但这成功就如镜花水月，很容易消失。

反观另一类销售领队，他们乐于与队员坦诚相对，轻松交谈，让队员们畅所欲言。他们会说：“我需要你们的帮助与建议，在这里大家可以把自己想说的都说出来……”在面对队员的错误时，他们会先了解事实的真相，不会随意发脾气……他们所做的一切，都是为了能与队员在工作中产生共鸣，这对于营造团队精神非常管用，而积极的团队精神直接影响着团队的业绩。

总之，一个善于沟通的销售领队才能产生同理心，才能听到队员真实的想法，管理者不应该是独裁者，独裁者会使自己变得孤立，不利于工作的展开。修炼自己的情商，赢得队员的尊重，团队才会变得和谐。

内容精要

大多数人对于命令都有一种本能的抗拒，对于销售领队来讲，在做某项决定时，要与队员进行沟通，在沟通过程中，不断完善。如果一心只想着操控队员，是无法取得长期的成功的。

●**情商促进沟通。**大多数的成功人士，都有着极强的沟通能力，这不是个人英雄主义的社会，作为领队，情商非常重要，情商能使沟通达到最佳目的。团结就是力量，而团结的前提是内部沟通。

●**沟通提高工作效率。**任何团队要想取得成功，都离不开高效的沟通。有些团队即便刚刚组建，却相处良好，各司其职，高效完成上级下达的任务。而有些团队则在磨合中渐行渐远，每个人各怀心思，散沙式的相处使得工作效率低下。

第六节课

做销售就是做圈子

人脉决定圈子，圈子决定客户量，客户量决定成交量。如何来做这个圈子？该如何去经营？这和情商有着直接的关系。运用你的情商，来扩展、稳固你的圈子，可让销售工作更加轻松自如。

第十五章

用情商扩充你的客户圈

人脉越广，销售越好做

开篇导读

人脉就是人际脉络，就如人身体的脉络一般，四通八达且错综复杂，可是，却支撑着我们的生命。人脉在一个人一生中所起到的作用是不可估量的，可以说，是一个人赖以生存的基础。

俗话说："一人成木，二人成林，三人成森林。"但凡成功者都拥有一定的人脉网络，让他们无论身处什么行业都能如鱼得水。而有的人之所以寸步难行，在很大程度上就是因为人脉经营出了问题。

我们一生会和很多人相遇，有的是擦肩而过的缘分，有的是相谈甚欢的交情……而情商的高低决定了你的人际关系。

情商课堂»

要想成为王牌推销员，只有销售技巧是不行的，如果不懂得人脉经营，事业很难有起色。在销售行业有这样一句话："人脉就是钱脉。"可是，有一类推销员却时常抱着事不关己，高高挂起的态度。还有一些推销员认为孤傲就是"个性"，于是，在与人交往过程中，态度傲慢，久而久之，所有与他相处过的人都对其敬而远之。

推销员要有与人交往的意识，积累人脉，销售之路才会越走越轻松。一名推销员如果不懂得交际，不会经营人脉，是很难在销售行业立足的。

有一名推销员想与我们公司合作，但与之接洽的负责人觉得时机不够成熟，便找借口推脱了。推销员不死心，经常打电话确认负责人的时间，可还是一无所获，每次都被助理挡了回来。求助无门，在坚持了一个月后，推销员放弃了。后来一个同事跟我说，他认识推销员的一个大学同学，以前与这名推销员见过一面。

我在想，如果那个推销员能好好利用这一资源，说不定这笔生意就能谈成。一些推销员自信于自己的专业、产品的优质，却忽略了最重要的一点，见不到客户怎么办？如何取得客户的信任？

很多推销员都应该知道，在客户的公司里有个说得上话的朋友，是多么幸运的一件事，如果好好利用事情就会顺利很多。反之，没有人脉，哪怕专业知识过硬，产品质量上乘，客户看不到又有什么用呢？

在人情社会，没有人脉，无论走到哪里，工作或是生活，都会放不开手脚。且不论自身条件和能力，一个人的命运与人际关系有着千丝万缕的联系，在关键时刻能起到举足轻重的作用。

我有一位同学前两天打电话来说，他的公司开业了，请朋友们过去热闹一下。我很吃惊，之前没一点征兆，公司怎么说开起来就开起来了。

他大学毕业后就跑起了销售，几年下来也攒了不少客户。因为脑子灵活，专业技术过硬，对客户的事从不偷懒，得到了客户的普遍认可，也建立了广泛的人脉关系。

当自己想成立公司时，就想到了那些客户。由于平时口碑不错，客户也都信任他。与一众竞争对手条件相当的情况下，他最终取得了某品牌在本市的独家销售权。

一个人，在工作中不仅仅是为了赚钱，也要学会积累经验，积累人脉。如果你在一个地方工作了一年，仅限于认识一个办公室的同事，对于客户也是有则有，没有也无所谓，那么以后遇到需要用人的时候就犯难了。

当然，打造人脉圈，首先你要是这个圈里的人，自身也要有一定的资本。否定不在一个层面上，如何获得别人的认同？总而言之，扩充你的人脉，销售便能畅通无阻。

内容精要

李嘉诚说："人一辈子没有出息，往往是因为朋友太少，一个人如果你的命不好，改变命运的唯一办法是'找命好的人和他交朋友'，跟着他们，你的命就好。"人脉的拓展对一个人的发展起着决定性的作用。推销员要有自己的销售网，否则东西卖给谁？建立起自己的人脉网，充分利用，销售路便也拓宽了。

●**人脉等同于机遇。**很多人看成功者，都会说："他的成功源于机遇好，给我同等条件，我也能成功。"说这些话时，你是否想过，为什么别人的机遇比你好呢？难道独得老天厚待？非也，上天给予每个人的机遇都是同等的，所不同的是成功者善用人脉关系，而你的人脉有多少？

●**人脉也需新鲜血液。**一些人际关系的建立并不能享用一生，因此，人脉也需注入新鲜血液，扩充你的人脉网，才能保证在客户人事变动时自己不陷入被动。推销员的人脉网才是销售工作持续上升的基础。你的人脉越广，销售也就越好做。

善于交朋友，也是一种销售能力

开篇导读

有一首歌叫《永远是朋友》，里面有这样一段歌词：千里难寻是朋友，朋友多了路好走，以诚相见，心诚则灵，让我们从此是朋友……

朋友是我们一生的财富，多一个朋友多一笔财富，所以，要多结交朋友。志趣相投的朋友，因为某个人而结识的朋友，同住一个单元楼的住户……这些都是你可以发展成为朋友的人。

有些人无论是在生活或是工作中，都打不开局面，每天上班、下班，看似有规律，实则乏味。尤其是到了周末，迷茫感油然而生，完全失去了方向，不知该干什么。这其实是缺少朋友的表现。

为什么有的人即便出去吃饭忘记带钱也不会感到窘迫？为什么有的人出游，到达目的地后不用担心衣食住行？这就是结交朋友的好处。一个电话，知交好友便会将钱送过来；一个电话，火车站或飞机场出口便能看到朋友的身影……这是怎样的一种感受？

为什么有的人无论生活还是工作都寸步难行？为什么有的人只能独坐窗前感叹窗外的高谈阔论？这就是没有朋友的苦楚。

有朋友和没朋友，对生活及工作的影响是完全不同的，朋友也并非人生可有可无的附属品，而是人生道路上的必需品。善于结交朋友，也是你交际能力的一种证明。

情商课堂

人的一生离不开朋友，当你结交了朋友，周末可以三五好友出去踏踏青、喝喝咖啡、聊聊天……你会觉得生活如此美好，或许在聊天的空档还能发现商机。成功者的圈子是很大的，他会通过各种方式去结识新朋友，各行各业的都有。他们兴趣广泛，健身、聚会、出游……这些活动都是结识新朋友的最佳途径。反观另一类人，他们是孤独的存在，即便有人上前与之打招呼，他们也只是傻乎乎应付了事。他们拼命缩小自己的存在感，于是，能交流的人越来越少。

聪明者善交朋友，尤其是对于一名推销员来讲，“朋友”的意义重大。善于交朋友的推销员，其销售能力绝对是行业佼佼者。想要在销售行业出人头地的人，在成为推销员的那一刻就将自己所销售的产品在朋友圈里广而告之了。之后便从身边人着手，以前不曾注意的人都成了他的目标，与之交朋友，销路也就此打开了。

销售不是坐等天上掉馅饼的工作，这是一个需要与不同的人打交道的行业。它需要你去认识人，结交人，你可以观察一下，那些业绩好的推销员，为什么业绩好？一部分原因就在于朋友多。反观业绩不好的推销员，他们就是因为朋友少，才无法打开销路。

销售其实并没有你想象得那么难，当你的朋友圈不断扩大时，你的销售之路就会越走越宽。换言之，销售过程其实就是交朋友的过程，善交朋友，会交朋友，也是一种销售能力。

我曾随公司领导参加了一次聚会，来的都是中上阶层的成功人士，觥筹交错，谈笑风声。对于这样的场合我还有些陌生，手执一杯酒，静静跟在领导身后。这是一场终身难忘的聚会，也让我见识到了成功人士过人的交际手段。谈笑间，一笔生意就谈成了。公司领导是个很健谈的人，他喜欢结交朋友，也善于结交朋友，仅仅几句话便与几个陌生人熟悉了起来。握手问好、互换名片、简单询问……话题由浅入深，几分钟时间，已将彼此底细打听得差不多了。

半个月后，随领导去签一份合同。我惊讶地发现，对方负责人正是那次聚会上与领导交谈的那位。

此时，我也明白了，那样的聚会并不是单纯的喝喝酒、聊聊天，很多时候，这是一种交流、沟通，是信息互通的最佳场所。在这里，可以结识同一层次的新朋友，当然，也是老友联络感情的场所。

有人说，销售是最没人情味的行业，一切与利益挂钩。所以，很多推销员开始关起门来苦学销售技巧，当技巧纯熟了，却发现不知道该向谁推销，该如何推销。于是，一身技巧苦于没有施展的机会。这是人情社会，人都是有感情的，用真心去感化销售对象，打好基础，即便此次没有购买，也多了一位朋友，说不定哪天朋友的朋友需要你的产品呢？

销售是无止镜，销售终结不是最终交易。真正的销售应该是无限循环的，当然，不否认存在关系中断的可能，但优秀的推销员会尽全力阻止这样的事情发生。真正优秀的推销员，与每位客户都保持着良好的关系，即便彼此都换了工作，依然保持着联系，而这种联系会在一定程度上为自己带来意想不到的收益。

内容精要

罗宾·邓巴说："只有最聪明的生物才具备结交朋友的条件，而人类正是其中的佼佼者。"不要小看自己的交友能力，善于交朋友，对工作、事业都有很大的帮助，当然，结交朋友的态度必须是真诚的，过于功利，很难交到真正的朋友，即便你的目的是为了销售，也要让客户觉得你能带给他同等的利益。这样才能既得到了朋友，也达到了销售的目的。

●**销售，从交朋友开始。**那些善于处理人际关系的人都深谙"人性"，过人的洞悉能力，打开了销售之门。销售，就是从交朋友开始，做成了朋友，销售也就展开了。换句话说，推销员找客户，其实就是去找朋友、交朋友。当你认识的朋友越多，渠道也就越多，比如聚会、展销会、俱乐部等，这些都是结交朋友的场所。只要留心，都可以成为朋友，朋友多了，就不愁卖不出产品。

●**闲谈出来的生意。**销售靠的是一张嘴，一切始于交谈，有了交谈，才能去理解，才能对症下药。人与人之间的情感建立就是从交谈开始的，交谈的过程就是互相了解的过程，达到思想上的沟通，产生共鸣，这样就容易获得对方的认可。有些推销员随时随地都能与人聊上几句，通过"闲谈"与本不相干的陌生人成了朋友，销售也变得顺理成章。而有些推销员在寻找客户的过程中总是自我否定，看这个不像会买产品的人，看那个应该是不好接触的人，"挑三拣四"之后，留下的寥寥无几，而且也不是绝对购买者。如此一来，谁的业绩更胜一筹呢？

扩大自己的“常联系人”

开篇导读

随着时代的发展，人们的生活水平不断提高，人手一部手机，几乎满足了我们的日常所需，手机成为了最方便的联系方式。

手机既然是为了方便联系，那么，问题来了，有多少人是真正地在用手机联络感情？有多少人的手机是为工作服务的？你的常联系人里有多少人？哪些号码换了你却不知道？又有谁换一部手机就失去一部分联系人？

情商课堂

在销售领域，获得潜在客户的联系方式是推销员进行销售的基础。大多数的推销员每天会接触很多客户，但并非每位客户都能一次购买，如一些大型的消费品，客户通常都会货比三家，然后选择自认为最适合自己的。

但是，对于销售来讲，进入视线的每个人都是潜在客户，正所谓：机不可失，失不再来。在此时，推销员获得客户的联系方式就等于成功了一半。你可以对即将离开的客户说：“您好，在这儿写下您的联系方式吧，如果我们店里有什么优惠活动，我可以第一时间通知您。”当然，这种方法也不是对每个人都奏效，但总比什么都不做要好。

“常联系人”对销售工作有着极大的促进作用，你的这些常联系人就好比是信息联络站，一旦什么消息与你有关，就会第一时间想起你，并通知你。这是个信息化时代，每个人都拥有无限可能。而你的信息来源则是这些“常联系人”，这些人就是你工作上的助推器，生命中的贵人。

销售工作较为特殊，因为工作的关系，要与各种各样的人打交道，在这个过程中，可以用诚信、情感来扩充自己的“常联系人”。而有一类推销员即便知道获得客户联系方式的重要性，但在实践中，想要获取客户的联络方式并没有那么容易。

我认识一位推销员，在前期为客户作介绍时表现都挺不错的，可是，客户依然说再考虑考虑。推销员虽然很泄气，但也没办法。他想留下客户的联系方式，以便随时与客户沟通。可是，客户说：“不要紧，我回去再商量商量，没问题的话我明天直接过来。”推销员没办法，只能眼睁睁看着客户离开。第二天，本以为客户会来，左等右等都没有客户的身影，又苦于没有客户的联系方式，只能“等”了。

索要客户的联系方式，是要讲究一定方法的。很多时候，客户会以各种理由拒绝留下联系方式，这是一种正常现象。客户担心的问题有很多，比如怕被骚扰，怕个人信息被泄露，怕失去主动权……

针对这些问题，推销员需要动动脑筋，消除客户的顾虑，才能顺利获得客户的联系方式。比如用套近乎的方式，可以从兴趣爱好出发。“原来您也喜欢打网球啊，我也非常喜欢，是 ×× 网球俱乐部的会员，一有空我就去打两场。您留个电话吧，下次打球时可以约一下。”面对这样的索取，客户一般情况下不会拒绝。方法有很多，主要看你怎么表达，不要让客户觉得反感，否则会前功尽弃。

不要让通讯设备成为摆设，扩大自己的“常联系人”，让你的信息更及时，为今后的路打上坚实的基础。

内容精要

常联系人的多少与你的机遇是成正比的，在销售行业，认识的人越多，你的机会就越多，对于未来的发展也非常有利。

●**情商扩充“常联系人”**。获取客户的联系方式，是要用情商的，否则会适得其反。如果过于直接，目的性太强，客户就会觉得你有利可图，进而产生防备心理，那就达不到应有的效果了。很多王牌推销员都有系统的“常联系人”手册，并不断扩大、更新，这些资源足以支撑他们在销售的道路上越走越顺。

●**“常联系人”保证销量**。“常联系人”是销量的保证，通常来讲，“常联系人”都是咨询过产品相关信息，有着购买意向的人。扩大“常联系人”，就是为销量提供保证。有些推销员一天到晚都有打电话、发微信，业绩轻轻松松就上去了，而有些推销员盯着电话不知该给谁打，因此，业绩平平。这就是扩大“常联系人”的好处。

从朋友身边找朋友

开篇导读

生活就是个圆，我认识你，你认识他，然后，我也认识了他，就这样，我们积攒的朋友越来越多。每个人都有自己的交际圈、生活圈，善于交际的人会从朋友身边找朋友。这样发展起来的朋友更可靠，也更长久。

当然，朋友身边的朋友也并非绝对就是你的朋友，但通过朋友这座桥梁，至少在需要帮助时，可以伸出援助之手。

交际能力强的人，与谁都能谈得来，面对朋友的朋友，话题也是随口就来，而且不会让对方反感，久而久之，朋友的朋友也成了自己的朋友。有些人不善交际，既便身处交际场，有认识朋友的机会，也是将自己包裹起来，等待别人的主动，久而久之，身边的朋友越来越少。

情商课堂

销售行业最重要的是什么？大多数人都觉得是将产品卖出去，的确，产品卖不出去，销售也就不存在意义了。作为推销员，怎么将产品卖出去呢？卖给谁呢？如果你环顾四周，没有一个认识的人，甚至连亲戚朋友都不捧场，那么我想，你该转行了。

一位朋友打电话来，说他买了一套房，约了几位朋友一起聚聚。我说："是不是通过 ×× 买的。"朋友说："不是的，是另一位朋友介绍的，说来话长。"朋友的话让我想起了一个月前的一次聚会。

那次聚会来的人很多，都是朋友带朋友，围座一桌，挺热闹的。一位朋友带了一个做房产经纪的年轻人，年轻人很会活跃气氛，哥哥、姐姐，叫得挺溜，还每人发了一张名片。气氛在这位年轻人的带动下，越发热闹。酒足饭饱，聚会接近尾声，一位朋友向那个年轻人打听最近的房产信息，让年轻人介绍一些好的楼盘。年轻人瞥了一眼这位朋友，一顿饭的工夫，年轻人已将饭桌上的人的一些信息打听得差不多了。年轻人可能觉得这位朋友没有购买力，且沉默寡言，于是敷衍几句了事。这位朋友也没继续问下去。

我想，此时那个年轻人如果知道这位朋友真的买了一套房，绝对会后悔的。最重要的是，这位朋友还介绍了另一位朋友在同一小区买了房。

这个例子就是告诉我们，永远不要小看任何一个人。朋友身边的潜在客户是需要一双慧眼去发掘的。如果因对方的衣着、身份、性格等方面的原因就区别对待，损失可不止"两套房"那么简单了。有这样一句话："多个朋友多条路。"将朋友的朋友发展成自己的朋友，即便没有第一时间购买你的产品，但如果他的朋友有需要，绝对会第一个想到你。如此这般，还愁销路打不开吗？

销售工作靠的是口口相传，一个人的力量毕竟有限，如果可以借助朋友之口将产品信息传递出去，将会省不少口舌，而且通过朋友介绍的客户，其忠诚度通常比较高。如果连你的朋友都不知道你推销的是什么产品，那你就太失败了。

销售行业时常会发生这样的事：某推销员得知朋友的朋友买了竞争对手的产品，质问之下，朋友说："我都忘了你是做什么的了，而且，你不是见过他吗？难道你没跟他说过你是做什么的？"是啊，见过朋友的朋友，但还是让其买了竞争对手的产品，为什么？就是因为你对朋友的朋友视若无睹。

你有朋友，你的朋友也有其他的朋友，如果能将朋友的朋友发展成自己的朋友，那么，你的产品就会一传十、十传百，客户圈得到扩充，就不愁没有业绩了。

有一位做销售的朋友去外地出差，刚好他以前的一位同事在那里发展。因为平时偶有联系，此次出差便约了出来。在吃饭的过程中，销售朋友随意地问："你在 ×× 企业有没有什么熟人？"他以前的同事有些惊奇地说："还真是巧了，前段时间在一个饭局上，认识了 ×× 企业的一个部门负责人。"在前同事的协助下，我这位推销员朋友轻而易举地见到了此次项目的负责人，因为各方面都准备充分，他顺利地将这笔大单拿下了。

我们的一生会遇到很多人，交一些值得交的朋友，而朋友也有自己的朋友圈，作为推销员，就要将销售渗入到朋友的朋友圈，这样才是成功。生活中也常常听到这样的话："我是从朋友的朋友那里……"朋友的身边有着很大的挖掘潜力，这就需要推销员使用情商来获取。维系好朋友之间的关系，坦诚相待，必有收获。

内容精要

在蒙古族有这样一句话：“有朋友的人像平原一样宽广，没有朋友的人却像窄狭的手掌。”生活中，我们每天接触到的人有很多，有新认识的，有同事，有朋友的朋友……而这些人里谁成了你的朋友？谁知道你在销售什么产品？需要产品时是否能第一个想到你？我们都知道，人与人都是从陌生到熟悉的，虽然有“一见钟情”“一见如故”，但那也要有个过程。用真诚的态度让彼此熟悉起来，你的人际网就会像平原一样宽广。

●**友好对待每个人。**人与人之间的相处贵在真诚，如果总是带着目的，即便成为了朋友，也不牢固。高情商人士不是因为成功而朋友无数，相反，正是因为这些朋友，他的事业才会越做越大。他们的高情商使得他们在与人相处时所表现出来的修养更吸引人。

●**朋友提升竞争力。**销售行业的竞争愈发激烈，有时辛辛苦苦努力了一个月，却是在为他人做嫁衣。而怎么样做才能让你的客户圈越来越大呢？就是从身边的朋友做起。有些推销员喜欢热闹，对于家庭、朋友、同事间的聚会从不会错过，时间久了，认识他们的人就越来越多，他们交朋友，与朋友的朋友成为朋友，客户圈像滚雪球一样，越滚越大。此时，即便你不费心思推销，你的朋友也会帮你推销。

第十六章

用温暖稳固你的客户圈

把客户当作你真正的朋友

开篇导读

古语有云："敬人者人恒敬之。"大多数的成功者，都有投桃报李的情怀，因此，也收获了来自于各方面的成果。而庸者事事以自我为中心，唯利是图，以为占到了小便宜，实则损人不利己。

情商课堂

无论哪个行业的推销员，不管销售技巧如何，都有自己的资源。在开发新客户的同时，也要注意维护老客户，因为老客户也会为你带来新客户。而老客户的资源会达到事半功倍的效果，因此，如何留住老客户，就成为了很多推销员要学习的地方。

推销员天天都要与客户打交道，在与老客户"过招"时，很多推销员都有力不从心的感觉。有人说，推销员与客户天生就处在对立面，维系彼此关系的只有利益。正因为这样的想法，彼此各怀心思，意见很难统一。

在销售行业，有的人对于销售有着错误的理解，他们喜欢结交朋友，但并不善于结交朋友。在他们看来，销售无非是逢场作戏，你来我往，单子一签，谁也不认识谁。表面文章做得滴水不漏，久而久之，才发现没有一个深交的客户朋友。

作为一名优秀的推销员，要稳固自己的客户圈，首先要把客户当作你的朋友，站在客户的立场分析问题、解决问题，才能从本质上得到客户的认可。或许有人会这样想：我们掏心掏肺将客户当朋友，可客户却不一定将我们当成朋友。客户之所以购买或许只是觉得产品便宜或刚好哪一方面符合他的要求，买与不买完全是自我意识，不受任何情感的牵绊。

很多推销员都有这样的想法，因此并不在意客户关系的维护。也许幸运地可以卖出一些产品，可是，这种幸运又能维持多久呢？如果有比你更便宜的呢？客户还会选择你的产品吗？如果换作是我，我想我会毫不犹豫选择对自己有利的一面，毕竟我和你没有“情感基础”。

记得有一次家里的某产品用完了，觉得好用，准备再去买一点。来到之前的这家店，还是那个营业员。我没有直接说要买什么，而是想看看还有什么新款。营业员热情地向我介绍着店里的新款，在他介绍到某产品特别适合我时，我已经有些不高兴了。他介绍的这款产品里面含有某物质，而我刚好对此过敏，在第一次购买时我已经强调过。显然这位营业员没有记住我是谁，更别提我的特殊要求了。

相信作为消费者，很多人都遇到过这样的情况，推销员每天只是例行公事般的介绍，不了解客户的真正需求，将客户放在利益的对立面，长此以往，你的客户最终会将你晾在一边。到时，不要抱怨，因为你就是这样对待客户的。

回想一下，你被多少客户“抛弃”过？原因是什么？当你没有做情感投资时，何以要求客户对你“天长地久”？不能将客户当作你真正的朋友，是难以有忠诚的客户的。

我们来换个角度看问题，你会被客户“抛弃”，但你会被朋友“抛弃”吗？朋友是以“情”为桥梁的，在同等条件下，朋友是不会选择其他供应商的。

很显然，要想拥有忠诚的客户，首先你要有与客户做朋友的心态，与客户谈生意也可以在轻松的氛围里，把客户谈成朋友，你的资源就会不断被放大。

内容精要

最初，推销员被灌输的思想就是，顾客是上帝，需要无条件满足其要求。当你把顾客当成上帝时，说话就会过于拘谨，三句话不离销售，总想着赶快把该说完的说完，其结果就是顾客高高在上地拒绝你，因为你不值得信任。反观那些逗得客户哈哈大笑的推销员，他们将客户当成朋友，客户也愿意将自己真实的需求说出来，这样沟通就会变得高效。

●**忘了他是客户**。很多推销员在面对客户时都时刻提醒自己，面前的是自己尊贵的客户，不能怠慢，于是带着功利性与客户交流，一旦客户没有购买意愿扭头便走，这样的态度如何能获得客户的信任？带着交朋友的心态与客户沟通，忘记他是客户，把每一次交流都当作是难能可贵的交朋友的机会，随便聊聊也能聊出大商机。

●**小举动大收获**。俘获客户的心其实不需要大的投资，有时仅仅是一个电话、一份小礼品。新品上市了，邀请老客户前来体验，既表示了你的重视，又起到了宣传的作用。将客户当成是你的朋友，很多举动就会由心出发，为客户着想，客户哪有拒绝之理？

老客户是金矿，要时常“惦记”

开篇导读

人从有自我意识开始，就有交朋友的欲望，随着年龄的增大，我们的生活中隔段时间就会有新朋友进驻。受各种因素的影响，曾经陪我们走过一段时光的朋友在记忆中变得模糊。有谁还记得儿时的玩伴？有谁还在联系大学的同学？有谁还记得第一次上班时遇到的同事？而这些都可称之为老朋友。

有多少人是在生病了才想起来有位当医生的“朋友”，却因为疏于联系，不敢贸然请求帮助？老朋友在我们生命中的意义不仅仅是一段回忆，更是我们一生用之不尽的财富。

在生活中，常常给予我们帮助的是老朋友还是刚刚认识的新朋友？感情深厚的老朋友已不是简单的朋友关系，而是亲人。而这些老朋友不是平白无故地对你好，这与你平时的联系分不开，也许只是一个问候电话，也许只是偶尔的请客吃饭……可是，收获颇丰。

生活在行业顶端的人，他们从不轻易忘记朋友，通过长年累月的积累，朋友越来越多，交情越来越深。而“见异思迁”的人呢，他们多是结交新朋友，忘记老朋友，结果没有深交的朋友，一旦遇到事情，连个帮忙的人都找不到。

老朋友的力量是不可估量的，不需要过多投资，只是时常“惦记”一下，让他知道你没忘了他，情感的联系是最持久的。

情商课堂

生活中的老朋友就相当于销售里的老客户。作为一名推销员，在你热衷于开发新客户时，是否关注过那些曾给你带来利益的老客户？有些推销员开发新客户的能力毋庸置疑，但老客户常常被他们遗忘在角落里。当翻看记事本时，才发现老客户的合同早已到期，等回头再去拜访时，老客户已经与竞争对手签定了合同，此时，捶胸顿足也无济于事。

这种现象不仅仅存在于推销员，一些企业对于老客户的重视程度也不如新客户的开发。企业举办的营销活动、推荐会之类的，大多是针对潜在客户，这就使很多老客户因为受冷落而选择其他企业。

记得有一次接到一个人的电话，开口就说：“我们公司的新产品面市了，在这个周六有一场体验活动，您可以过来看看，我们公司对老客户有一定的优惠活动……”说实话，我一开始没听明白，在之后的解释中，我才知道，这是某公司的推销员。我之前曾在他们公司购置过一批数量不少的产品，可那都是两年前的事了。而且，我已经在其他公司购买了相同的产品，于是委婉拒绝了周六的体验活动。

与客户之间保持联络，让客户感受到你的真诚，才能为下次销售奠定良好的基础。

有人说，销售最重要的就是开发新客户，于是，签完合同后，就将老客户置于一旁不管不顾，久而久之，你就会发现，销售越来越难做。新客户难开发，老客户留不住。其实，相较于新客户的开发，老客户的维护则更重要。老客户就如金矿，开采开采总有惊喜出现。

某天，我接待了一位推销员，我是他们公司产品的使用者，这次拜访主要是询问我一些关于产品的使用情况。对于这位推销员我还是非常信任的，这已经是他第二次拜访了，平时节假日也会打电话问候。使用产品过程中，出现任何问题，他都会及时处理。中途我接了一个电话，是某公司的员工，之前就某产品咨询过这位员工，他打来电话问我是否购买，我说再想想便挂了电话。

此时，坐在一旁的推销员说："您是要买 ×× 吗？我们公司刚刚开发了一款产品，与之功能相同，您可以试一试。"我有点犹豫。推销员说："这样吧，我明天给您拿个样品过来，到时再选择也不迟。而且，我们合作这么长时间了，您对我们公司产品的品质也有了一定的了解，质量上您可以放心……"结果毋庸置疑，我选择了这位推销员的产品。

常规的拜访也能有意外收获，由此可见，老客户的重要性。客户回访是每个推销员获得重要信息的良好途径。老客户的推销能力或许比你强百倍，这样说吧，你说十句抵不上老客户的一句话。这就是所谓的口碑效应。如果你忽略了老客户的感受，那么，站在老客户背后的潜在客户就会在老客户的一句话下转投竞争对手。这不是危言耸听。将老客户这座金矿保护好了，会有事半功倍的效果，坐在办公室里吹空调都能有生意自动上门。

总而言之，平时多与老客户进行沟通，不要让老客户觉得你将他忘记了。时常“惦记”老客户，不仅仅是自身形象的维护，更是对客户的尊重。

内容精要

一般做了一段时间的推销员后，手里多多少少都会积累一些客户，这些客户才是你真正的财富。当你的销售渠道还不是太成熟时，对于老客户的管理与维护就显得更为重要了。

●**老客户转介绍**。老客户身后的潜在客户是你无法想象的，你对陌生人说上十句，不及老朋友说一句话管用。老客户转介绍，最大的优势是，被介绍者很容易对你产生信任感，而且，老客户会提供很多有用的信息，可使你提前做好准备。

●**老客户等同于金矿**。有人曾对推销员做过调查，想要获知他们无法取得成功的原因。原因各种各样，但占比重最大的就是没有对老客户进行回访。成功的推销员会时常与客户保持联系，话题并非只是围绕着产品，也可以是闲聊。在这个过程中，不要让客户有一种“你只是需要签单时才想起我”的感觉。平时的关心非常重要，当客户购买了某产品，可以隔段时间打个电话问候一下，看客户的使用情况。时间久了，客户就会被你所感动。

通常来讲，一次交易的结束便是长久合作的开端，如果你热衷于做一次性买卖，那么，你注定是个失败者。

用小礼品温暖客户

开篇导读

在这个人情社会，不懂点人情世故是很难受到尊重的。

正所谓：礼尚往来。这也是一种情感的表达，从某种意义上来讲可以加深感情，也是一种强化沟通与交流的方式。礼品不在于轻重，也有礼轻情意重之说，最主要的是可以表达自己的心意即可。

在中国，人情世故中少不了送礼，而送礼则是有讲究的，一个不留神就会适得其反。为什么有的人礼品送了，却不讨好，反而被数落一番。原因就是送礼没送好，不是时机不对，就是送错了礼品。这与一个人的情商有很大关系，要想得到别人的认可，首先要学会如何送礼。

情商课堂

作为推销员，在取得客户信任，顺利签单后，要明白，一切关系才刚刚开始。要维持客户的信任感，售后的服务更重要。

送礼，是每个推销员都应该学习的销售技巧，它可以帮助你成为一名优秀的推销员。可能有的推销员认为，客户不在乎那点礼品，也有的推销员认为，不知该如何送，太贵的划不来，太便宜了又显得小家子气……在销售行业，送礼品送得好可温暖客户，送得不好也会得罪人。

我有一个做销售的朋友，最近因为一件事而苦恼，他说，他上周给一个老客户送礼品去，不但遭到了拒绝，还惹得客户不高兴，估计续约无望了。事情的经过是这样的：

朋友看一位老客户的合同快要到期了，于是，就想着买点礼品去“看看”老客户。与客户约好时间，他便提着大包小包来到了客户的公司。据他回忆，当时这家公司绝大多数的员工都投来了奇怪的目光。他大摇大摆敲开了老客户的门，本以为老客户会笑脸相迎，谁曾想，老客户全程冷漠，沟通非常不顺利，他根本就没机会提续约的事。十分钟的时间，朋友提着礼品灰溜溜地走出了老客户的办公室。

听完朋友的讲述，不得不佩服朋友的低情商，大庭广众之下送礼品，大多数人都不会收。送礼的时机没把握好，其作用就会大打折扣。

与客户的关系需要维护，维护就离不开礼品，这也是司空见惯的一件事，而关于礼品的赠送，很多推销员都存在着误区。

送礼品，实用最好，让客户感受到你的惦记，你的关心即可，心意最重要。比如老年人以保健品、水果篮为宜。送礼品，要新颖，让客户感受到你的别出心裁与用心，能一下子记住你。中国的节日有很多，而节日送礼是传统，很多推销员也选择在节日当天送礼品，如端午节送粽子、中秋节送月饼，可是，这样就没有新意，你的礼品很有可能会与其他送礼者混为一谈，很难引起客户的关注。像类似的节日，你可以选择高规格的月饼刀叉或是茶叶、红酒等，既表达了节日问候，又能让客户记住你的独特。送礼品，不是越贵越好，恰如其分的礼品才会获得客户的欢心。

我的桌子上摆放着一个台历，设计很独特，某天一个朋友问："这是在哪儿买的，挺不错的。"我笑着说："是个供应商送的，看这里还有我的名字。"朋友凑近一看，说："不错，挺用心的。"在朋友羡慕的目光下，我看着桌子上集日历、地球仪、笔筒、记事簿于一体的台历，心想：的确挺用心的。

高情商的推销员将送礼演绎成了艺术，既不会让客户觉得不舒服，又不会让自己陷入尴尬。在礼品的帮助下，老客户能感觉到他们的温暖与用心，进而肯定他这个人、这件产品，对于开展销售的后续工作非常有利。

内容精要

卡莱尔说："在人与人的交往中，礼仪越周到越保险，运气也越好。"一个人在礼仪上下得功夫多，其运气一定不会太差。当客户从礼品中感受到你的真诚，必然会提高老客户的忠诚度，一件小小的礼品有时比你说十句好话都管用。

●**小礼品，大智慧**。送礼首先得让客户有舒服感，贵不贵倒是其次，你是否花了心思去准备礼品，客户是能体会得到的。比如，送男客户红酒作为礼品时可以说："我一个朋友上个月出国给我带了两瓶，我对红酒完全是门外汉，这不，顺道给您带来一瓶，让您这位红酒高手来品品，看这酒怎么样？"这样"随意"地表达会让客户很舒服，欣然接受你的礼品，并从小礼品感受到你的智慧与情商。

●用小礼品温暖客户。大多数的客户在乎的是推销员的态度，而推销员的态度直接决定了业绩的好坏。有些推销员累死累活在外面跑业务，投入大量的时间、金钱，可是，收获并不多。而有些推销员只是买一些稀奇古怪，又便宜的东西，就将客户牢牢抓在了手里。这就是礼品的力量。用真情感动客户，用小礼品温暖客户，你的业绩就会节节攀升。

用“爱”影响你的客户圈

开篇导读

生活中，“爱”总是与美好、温暖联系在一起，在这个世界上，要说什么是最纯洁的、最无私的，那便是“爱”。每个人身上都有“爱”的种子，学会播种，收获良多。

一个成功者，无论面对什么样的境遇都不会吝啬自己的爱，耐心帮助需要帮助的人。而一个平庸的人，即便生活在蜜罐里，也会抱怨生活的不如意，哪还会想到付出爱。

生活中，我们会遇到不同类型的人，这些人可能成为我们的密友、普通朋友、同事、客户……无论面对哪种人，都需要付出才能有所回报。

情商课堂

有这样一句话，一个人品质如何，要看他与什么样的人相处。当一个人用“爱”维护自己的交际圈时，他身边萦绕着的也都是温暖。作为一名推销员，技巧性的东西都是死的，唯有“爱”所延伸出的情感是无法预估的。当与客户建立了初步的合作关系时，不要得意忘形。如果觉得客户难相处，那么，就看一下自己到底付出了多少真心。

消费者是最不稳定的群体，在竞争激烈的市场，消费者的选择性越来越大，当你不能满足他们的某种需求时，他们会毫不犹豫地转向竞争对手。即便是已经签约的客户，如果不加以稳固，续约就变得无望。

我的母亲在一个地方做脸部护理已经近十年了，每次去之前都要打电话确认那位叫“丹丹”的美容师在不在。她对丹丹青睐有加是有原因的，从她言语中可以获知，丹丹是个性格温和，善于沟通的美容师，当然，她的护理技术也不差。

某天，母亲提着一个大袋子回家，我一看，是两瓶沐浴露、两瓶洗发水。她说：“这是从丹丹那里买的，这个沐浴露、洗发水特别好，还送了一瓶洗手液，丹丹说……”从价格来看，并不便宜，质量如何还不得而知，因为从未听过这个品牌，但母亲喜欢不是吗？

某天，母亲做完护理回来，我问她饿不饿，她说：“不饿，在丹丹那里吃了点东西。”一问之下才知道，丹丹会在店里购置一些蛋糕之类的零食供客户享用。

母亲说：“丹丹的店搬迁了。”我心想，这一搬迁怕是要流失一些老客户了。母亲却说：“没有啊，老客户一个都没少。而且店变大了，老客户又介绍了很多新客户。”我问母亲：“她的店那么远，何不选择一家离家近的美容店呢？”母亲说：“不想换，跟丹丹熟了，而且她人也不错，上次我手机掉那里了，本来准备去取的，但有事耽搁了，她还专门给我送了回来。在她那里我放心些。”

从母亲的言谈中，我知道，哪怕再好的美容院来游说母亲，她也不会去的。

丹丹并没有惊为天人的销售技巧，只是从一些小事情入手，感动客户，提升客户的忠诚度。我见过一些推销员完全将客户与利益挂钩，客户爽快，签单的额度大，他们就会笑脸相迎。客户犹豫不决，签单额度小，他们就甩脸色。这样的态度如何能让客户满意，如何能留住客户？

一个王牌推销员，在与客户建立合作关系后，依然与客户保持着适度的联系，从客户的深层情感出发，建立稳固的客户关系。他们用“爱”维系着与客户之间的关系，满足于客户精神层面上的需求。作为一名合格的推销员，要心中有爱。爱自己的公司，才能有集体荣誉感，客户会基于你为公司着想而更加信任你。如实连你自己都不爱自己的产品，又如何能说服客户呢？爱你的客户，站在客户的立场，为客户规划前景，当你能为客户创收时，客户才能忠诚于你。

总而言之，客户圈是否稳固，与推销员的付出有很大的关系。用“爱”感化客户，会影响你的客户圈，在无形中提升你的业绩。

内容精要

爱因斯坦说：“对于我来说，生命的意义在于设身处地地为他人着想，忧他人之忧，乐他人之乐。”一个懂得付出，关爱客户的推销员才能赋予销售真正的意义，设身处地为客户着想，便能得到客户意想不到的回报。

●**爱影响客户圈**。爱可以创造一切，那些成功人士，事业成功的背后都有一颗博爱的心，他们善待每一位与之相处的人，播种温暖，收获的也是温暖。作为推销员，你不是冷冰冰的推销机器，当你富含情感，让客户感知到你的真诚，客户圈也会随之增大。

●**客户圈决定业绩**。你的客户圈有多大、多稳固决定了你的业绩能做多大。你是否适合做销售，最终还是要看业绩，而你的业绩好坏取决于你的客户圈，客户圈的稳固则取决于你的态度。

老客户的问题尽量不过夜

开篇导读

生活中，每个人或多或少都有拖延的毛病，想着这件事不急，可以缓一缓，一天、两天……这一缓可能就是一周、一个月。我们常常会听到这样的话："好的，等一下，马上就来。"可是，这个"马上"如果真是一会儿还好，如果让人等很久就会给人留下不好的印象。

一个成功者，面对问题从不拖拖拉拉，能当天完成的，决不会拖到第二天。而一个平庸者，遇事总想着能拖就拖，最好拖到无疾而终、无人问津。

通常拖延的人，做事效率都非常低。社会在高速发展，没有人会等待你的步伐，稍有迟疑，就有可能失去宝贵的机会。

情商课堂

在销售行业，推销员应该有"110"的出警速度，当老客户遇到问题，或是寻求帮助时，不要以任何理由推脱或是拖延。及时处理老客户的问题有助于你客户圈的稳固。

有人说，将产品卖给客户就相当于完成了一笔交易，实则不然，交易的后续处理更重要。有一类推销员，有着过人的开发新客户的能力，他总能一眼识别潜在客户，再通过能言善辩的嘴将潜在客户变成真正的客户。可是，时间久了，他发现，之前关系不错的老客户在合同期满后并没有续约。这个问题让他们很困惑。

其实，问题并不复杂，只是他们将目光过多的放在了新客户的开发上，对于老客户遇到的问题要么置之不理，要么应付了事。这样的态度，哪个客户愿意再次合作?

公司因为接了一个大项目，近段时间都在加班。晚上九点左右，公司上周新购置的复印机出现了问题。经理当即生气地给推销员打电话："你们的产品是怎么回事啊，才用了一个星期就出毛病了。"不知道那头的推销员是怎么回答的，只是半个小时后，一个年轻人背着工具包出现在公司。年轻人态度谦卑，又询问了一些问题，便着手检查复印机。直至深夜十二点才调试好。其实，并非是复印机本身出了问题，而是有员工操作不当，加上胡乱调试才导致的。

在这之后，这位推销员再来公司时，经理的态度较之以往有了很大改观，而且公司里的办公用品都签给了这位推销员。

再后来，经理在会议上说起了这件事，他对这位推销员赞不绝口。他说他之所以对这位推销员态度有所改观，是因为他处理问题的态度。牺牲晚上休息时间，没有任何推脱、任何理由，挂了电话就赶了过来，这样的态度不是每个推销员都能做到的。

经理又讲起之前遇到的一位推销员，推销产品时，态度热情，产品卖出去后就变脸了。遇到问题让他过来解决一下，不是这个理由就是那个借口，结果拖了两天才不情不愿地过来。问题是得到了解决，但总归心里不舒服。合同到期后也就没有续约了。

当产品出现问题时，客户本就有情绪。在客户打电话希望进行处理时，如果用拖延战术，你失去的不仅仅是一个老客户，还有你的信誉、公司的诚信、品牌的形象……能当天解决的问题决不过夜，实在有事耽搁，也要真诚地向客户说明原由。

推销员的任务不仅仅是推销产品，也要兼顾老客户的维护。敷衍了事的处事态度，会让客户产生反感。情商高的推销员运用的不是什么高超的销售技巧，而是一颗真诚的心，认真的办事态度。把客户的问题当成自己的问题，试问，如果炎炎夏日，空调突然坏了，你会等个两三天才去维修吗？所以，面对老客户的问题，越早解决对你越有利。

内容精要

《明日歌》中这样写道："明日复明日，明日何其多。我生待明日，万事成蹉跎。"时间对每个人都是公平的，今天有今天的事，明天有明天的事，将今日该解决的问题拖到明天，生活就会越过越糟。在销售行业，推销员处理事情的能力决定着销售业绩。推销员要眼明手快，错过了最佳时期，就会错过成功的机会。

●**解决问题是情感联系。**为客户解决问题，其实也是一种情感的联系。优秀的推销员从不会怠慢客户提出的任何问题，哪怕只是拧紧一个螺丝、换下一个小部件……他们也会以最快的速度赶到客户身边，为其解决问题。也许他们在开发新客户上略显"笨拙"，但一旦成为他们的客户，基本上都是忠实客户，很难被别人挖走。

●**及时解决，赢来忠诚客户。**客户的忠诚度取决于推销员的办事态度，一个优秀的推销员，他一定是个勤快的人。这里的勤快不仅体现在新客户的开发，在面对老客户的问题时，能做到勤快。做到：今日事今日毕。这也是为什么有些推销员总能接到老客户的续约电话，而有些推销员即便是登门拜访老客户，也不能顺利拿到续约合同的原因。